簡單做 會上癮的全盤秒殺

早午餐！

廚房懶人速速上桌的不敗
Brunch×*100*道

Our老房子咖啡屋CEO
沈家銘—著

零廚藝，照樣端上絕對搶食的超味感Brunch！

僅一道，買通全部人的胃！讓人直呼「明天我還想再吃!!」

不必搶破頭訂位，在小私宅，也能輕鬆做出停不了口的完食早午餐！
Come Together！與家人、朋友享受樂活悠閒的晨間好食光！

日日早午餐，幸福好食光

　　以往，下廚做菜只是溫飽人們的胃；而如今，餐廳裡的美味佳餚卻吸引著來自世界各方的旅客前來朝聖，在陌生的國度裡，每天進出不同的人來品嘗，你不認識我，我不認識你，卻因為這一道道的「私房料理」而串聯起來。對我來說，料理具有凝聚眾人的溫暖力量，即便語言不通、相互陌生，卻能因為共享這份美味而有了交集！

　　一間餐廳的料理尚能如此，回歸到個人或家庭面，在每天的晨間時光裡，享受親自烹飪的早午餐，最能為初醒的軀殼注入活力與能量，新鮮食材、天然調味料，沒有多餘的添加物，卻會因為食材的原汁原味而交織出令人上癮的新味感！甚至，在汲汲營營的忙碌生活裡，更因為早晨的早午餐，讓家人有相聚、談天的時刻，讓朋友們有共享歡樂、分享心情點滴的時刻，讓新婚夫妻有增進甜蜜的時刻，以上種種，使得早午餐被賦予了難以取代的使命！

　　也許食安危機引起人們的恐慌，但我們何不撥些時間，拾起廚具，自己製作健康營養的早午餐呢？在書中，為了符合廚房新手、繁忙上班族、小家庭、留學生等各個族群，我提供了 100 道簡單易做、一看就懂的早午餐食譜，無論你是要獨食、給孩子享用，甚至是宴請親朋好友，都能從廚房立刻端出贏得面子的營養美味！此外，我經常聽別人說到「每次做完某某料理，剩下食材都不知道要做什麼」，而這個心聲我也化作書中的「剩餘食材大變身」，教你如何運用剩下材料，再度變化出新生美味，讓你每每都能創造出不同料理！

　　當然，多數現代人為了健康，已漸能接受近乎天天茹素的飲食習慣，因此我也在每道食譜中附上「這樣料理，老饕也會愛上素！」不僅奶蛋素者也能變換食材，做出素食早午餐，吃葷者也能偶爾「素」一下，讓腸胃道稍作休息、清空一番！

OUR 老房子咖啡屋 CEO

Contents
目錄

作者序 日日早午餐,幸福好食光──
OUR老房子咖啡屋CEO／沈家銘　**003**

Part 1 完美人妻日日樂!
最受歡迎的一週樂活早午餐

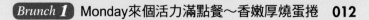

Brunch 1 Monday來個活力滿點餐～香嫩厚燒蛋捲　**012**

Brunch 2 Monday奏出日式輕食樂章～和風香菇雜炊　**014**

Brunch 3 Monday是個趣味早晨～茄汁鮪魚捲麵　**016**

Brunch 4 Tuesday來客法式風～香酥鮭魚青蔬派　**018**

Brunch 5 Tuesday不一樣炒飯～小家庭風味飯捲　**021**

Brunch 6 Tuesday暖進心窩的料理～超涮嘴餃子湯麵　**024**

Brunch 7 Wednesday早午餐也能很Kuso～培根蛋包麵煎餅　**026**

Brunch 8 Wednesday漫步京都～醬燒花枝鑲飯　**028**

Brunch 9 Wednesday酸甜順口的美味～可爾必思雞胸義大利麵　**030**

Brunch 10　Thursday晨光Morning Call～陽光班尼迪克蛋　032

Brunch 11　Thursday今天來點輕蔬食～壽喜燒鮮菇蓋飯　034

Brunch 12　Thursday漫遊義式風～BBQ雞絲彩椒披薩　036

Brunch 13　Friday小週末的幸福～彩蔬牧羊人派　039

Brunch 14　Friday不用醬的義式料理～雞肉南瓜泥燉飯　042

Brunch 15　Friday增進食慾的好味道～蕎麥麵壽司　044

Brunch 16　Saturday就是要來頓早餐饗宴～墨西哥起司捲餅　046

Brunch 17　Saturday英國早午餐也吃咖哩飯～鮭魚咖哩黃金飯　048

Brunch 18　Saturday享受滿嘴起司的快感～香煎牛排＆番茄起司義大利麵　051

Brunch 19　Sunday吃起來就是無負擔～Mini懶人鹹派　053

Brunch 20　Sunday豆香飄滿屋～嫩雞豆漿燉飯　056

Brunch 21　Sunday爆漿肉汁瞬間噴發～香料義式肉丸麵　058

Part 2　誰說早午餐一定慢！
10分鐘速速上桌的晨光美味

Brunch 22　少女系的早晨浪漫～鮪魚玉米可麗餅　062

Brunch 23　心中滿溢美味幸福感～暖暖蛋心吐司　064

Brunch 24　金黃微焦的異國甜蜜～香橙法式小方塊　066

Delicious

Contents

Brunch 25　就該充滿奶蛋香的美式炒蛋～滑嫩鮭魚炒蛋　**068**

Brunch 26　馬鈴薯的極致變化～馬鈴薯窩窩太陽蛋　**070**

Brunch 27　繽紛色彩的陽光早晨～彩椒起司吐司蛋　**072**

Brunch 28　漫遊義大利的家常點心～菠菜月見披薩　**074**

Brunch 29　蛋蛋的營養三重奏～三蛋乾拌麵　**076**

Brunch 30　元氣滿滿的香酥煎餅～韭菜鮪魚麵糊餅　**078**

Brunch 31　三層夾心的驚喜口感～Sunny三明治　**080**

Brunch 32　許一個健康的早晨～鮮蔬造型早餐盅　**082**

Brunch 33　追求外酥內嫩的蔬食感～鮮蔬火腿捲餅　**084**

Brunch 34　隨口挖挖蛋披薩～蘑菇鮮蔬歐姆蛋　**086**

Brunch 35　溫暖人心的日式好滋味～明太子心心飯糰　**088**

Brunch 36　超甜蜜的鬆軟綿密～自製蜂蜜水果鬆餅　**090**

Brunch 37　在家也可享用港式茶點～火腿西多士　**092**

Brunch 38　咬下去的滿口驚喜～起司火腿乳酪餅　**094**

Brunch 39　在家就能做的招牌餐點～金黃起司薯餅盒　**097**

Brunch 40　替早午餐加點鈣～爆漿起司鬆餅　**099**

Brunch 41　拌一拌的私房Brunch～火腿玉米蓋飯　**101**

Brunch 42　大口挖的百變麵包～乳酪火腿麵包丁　**103**

Wow !

Brunch 43　軟嫩鹹香四重奏～起司歐姆蛋　**105**

Brunch 44　蛋夾厚片的玩味激盪～彩蔬蛋吐司捲　**107**

Part 3　零麻煩！在家也能享用皇帝般的早午餐饗宴

Brunch 45　唇齒間的啪滋啪滋～香酥魚卵三明治　**110**

Brunch 46　帶著飯糰出走吧～青蔬火腿一口飯糰　**112**

Brunch 47　健康就從一早開始～培根南瓜捲心　**114**

Brunch 48　一餐就吃飽的朝日食堂～珍豬米漢堡　**116**

Brunch 49　迷你版的培根蛋吐司～花苞培根蛋　**118**

Brunch 50　貴婦最愛的濃郁奶蛋香～英式火腿起司Scone　**120**

Brunch 51　西班牙平民節慶的料理～西班牙海鮮燉飯　**122**

Brunch 52　念念不忘的英式好味道～啤酒炸魚馬鈴薯　**124**

Brunch 53　香酥麵衣下的驚喜～金黃酥脆夾心蛋佐吐司　**127**

Brunch 54　舌尖上彈跳的海鮮～香脆海鮮煎餅　**130**

Brunch 55　一菜三吃的超省佳餚～白醬雞肉燉蔬菜　**132**

Brunch 56　水餃皮的另類妙用～平底鍋瑪格莉特披薩　**134**

Finger
Licking

Contents

Brunch 57 料多滿滿一定飽～日式廣島燒 **136**

Brunch 58 最有感的瘋狂扒飯料理～烏魚子醬燒炒飯 **138**

Brunch 59 小家吹起印度風～咖哩豬麵疙瘩 **141**

Brunch 60 人再多也能吃飽～韓式部隊鍋 **144**

Brunch 61 白天也能吃氣氛～香煎鮭魚佐彩蔬 **146**

Brunch 62 不用油煎的清爽餐點～日式照燒雞腿排 **148**

Brunch 63 攪和就上桌的美國派～培根蛋奶彩椒派 **150**

Part 4 吃再多也不發胖的 低卡Brunch

Brunch 64 翠玉生菜上的活跳海鮮～泰式鮪魚船 **154**

Brunch 65 金黃麵線也會大變臉～茄汁鮮蝦麵披薩 **156**

Brunch 66 不必遠行的就近異國好味道～西班牙風味煎餅 **159**

Brunch 67 藏匿在麵條中的小太陽～親子炒麵 **161**

Brunch 68 一鍋滿足全家人的胃～紅酒燉肉丸 **163**

Brunch 69 拌拌飯轉身變煎餅～米飯總匯煎餅 **166**

Brunch 70 享受嘴裡的彈跳口感～鮭魚明太子義大利麵 **168**

Brunch 71 最營養的爽口鮮味～鹽燒蛋皮魚捲 **170**

yummy！

Korean Style~

Brunch 72 超順口的滑溜麵條～日式咖哩沾烏龍 **172**

Brunch 73 配飯單吃攏好呷～古早味瓠瓜鮮肉餅 **174**

Brunch 74 冷颼颼日子中的暖心料理～韓式牛肉鍋 **176**

Brunch 75 炎炎夏日大開胃～泰式酸辣蝦仁粉 **178**

Brunch 76 大人小孩一網打盡的料理～日式帆立貝炊飯 **180**

Brunch 77 超涮嘴的下飯好料～香濃麻醬雞 **182**

Brunch 78 超清爽的深海風味～鮪魚蓋飯佐起司竹輪 **184**

Brunch 79 食慾大開的道地良方～鮭魚味噌泡飯 **186**

Brunch 80 四季輕食的美味提案～香濃咖哩里肌肉飯 **188**

Part 5

常客吐司大變身！
20種創意吐司早午餐

Brunch 81 新鮮鮭魚上的濃郁起司～起司鮭魚咬吐司 **192**

Brunch 82 不用排隊也能吃到超人氣餐點～七彩棉花糖夾心吐司 **194**

Brunch 83 乾咖哩也能美味破表～香酥咖哩口袋吐司 **196**

Brunch 84 當作野餐點心也很合適～熱狗壽司捲 **198**

Brunch 85 滿滿草莓就是愛煉乳～草莓蜜糖吐司 **200**

Contents

Brunch 86 酥脆吐司條的沙拉饗宴～雞蛋吐司沙拉棒 **202**

Brunch 87 大口挖食最過癮～鄉村野菇酥派 **204**

Brunch 88 吃幾顆也無負擔的輕食料理～雞肉吐司派 **206**

Brunch 89 外酥脆內軟Q的另類吐司創意～吐司可樂餅 **208**

Brunch 90 品嘗法國超人氣餐點～庫克太太Sandwich **210**

Brunch 91 吐司中的趣味總匯～大阪燒厚片 **212**

Brunch 92 吐司也能變身鬆厚薯餅～酥炸薯泥三明治 **214**

Brunch 93 嚼出前所未有新味覺～營養炒麵吐司 **216**

Brunch 94 視覺與口感兼具的好食菜色～鄉野雞肉捲 **218**

Brunch 95 免厚工也能做出韓國味～韓式吐司煎餅 **220**

Brunch 96 中西式的美味撞擊～鬆厚起司蛋餅 **222**

Brunch 97 在家也能享受異國風～金黃熱狗捲 **224**

Brunch 98 澎湃材料溢滿吐司盒～南瓜焗麵吐司 **226**

Brunch 99 吐司邊的創意美味絕招～金黃香雞球 **228**

Brunch 100 色彩繽紛的有面子好料～玉米馬鈴薯泥甜筒 **230**

Part 1

完美人妻日日樂！
最受歡迎的一週樂活早午餐

新手人妻、職業婦女免驚！餐點不必每天想破頭，輕輕鬆鬆、巧手端出一週豐盛早午餐，讓老公、小孩的胃離不開你！甚至外宿族、上班族也能通用喔！

計量單位

- 1 大匙 = 15 公克 = 3 小匙（亦可用一般湯匙來代替）
- 1 小匙 = 5 公克
- 1 碗 = 250 公克
- 1 杯 = 180c.c.

香嫩厚燒蛋捲(P.12)

香料義式肉丸麵(P.58)

墨西哥起司捲餅(P.46)

Monday來個活力滿點餐～

香嫩厚燒蛋捲

份量：1~2人份　　所需時間：30mins　　烹調器具：🍳

經過兩天假日的放鬆，Blue Monday總讓人心情鬱卒！但色彩繽紛的餐點，不但讓人心曠神怡，更啟動了我們一天滿滿的活力！

Yes!
這類場合也入菜

- ✔ 宴客料理
- ✔ Party點心
- ✔ 野餐小點
- ✔ 貪吃下午茶
- ✔ 便當菜

材料ingredients

★ 食材	蝦仁 3隻	★ 調味料	普羅旺斯香草 適量
蛋液 3顆量	汆燙雞肉片 2片	冰奶油 2大匙	太白粉 少許
蘆筍 2根	小番茄 3~4顆	鹽 適量	
彩椒絲 1/3顆量	洋蔥丁 適量	黑胡椒粒 適量	

作法How to make

1 蘆筍、小番茄、蝦仁洗淨，蘆筍切半後，蘆筍尾切小段；小番茄對切成兩半；蝦仁則去除腸泥備用。

2 接著，在蛋夜裡加入1大匙冰奶油與少許太白粉後，再撒點鹽、黑胡椒粒，稍微拌勻備用。

3 熱鍋，放1/2大匙冰奶油融化，下蘆筍段、彩椒絲、小番茄、洋蔥丁、蝦仁炒熟後，放雞肉片翻炒。

4 加點鹽、黑胡椒粒、普羅旺斯香草調味後，稍微翻炒，但蔬菜不可炒軟，帶點微脆感後，即可盛盤。

5 鍋中放1/2大匙冰奶油，加熱至奶油起泡後，倒進蛋液，轉中小火慢煎。

6 當蛋液呈半凝固狀時，用鍋鏟輕推蛋皮邊緣，並將作法4炒料鋪在蛋皮一邊。

7 稍微晃動鍋子(此時蛋皮應為滑動狀態)，用鍋鏟掀起沒有放料的蛋皮一角。

8 接著，輕翻起左右兩側的蛋皮，包覆餡料後，即可盛盤，趁熱享用。

這樣料理，老饕也會愛上素！

將蝦仁、雞肉片、洋蔥丁改成汆燙好的蘑菇片、杏鮑菇片等，並可在作法3時加點素火腿丁、芹菜末拌炒，讓口感更為豐富。

Monday奏出日式輕食樂章～

和風香菇雜炊

份量：1~2人份　所需時間：1hr　烹調器具：

在白米中加點味道香醇的香菇水，除了讓煮出來的飯帶了清爽菇味，還讓吸飽各個食材精華的米黃色香飯隱約透露微甜滋味，光是單吃就讓人停不下來！

Yes!
這類場合也入菜

　宴客料理
　Party點心
✔　野餐小點
　貪吃下午茶
✔　便當菜

材料 ingredients

★ **食材**
白米 1杯
乾香菇 15朵

乾金針 適量
蝦米 適量
小魚乾 適量

枸杞 適量
高麗菜乾 適量
柴魚片 適量

★ **調味料**
鹽 少許

作法 How to make

1 將乾香菇浸泡溫水數分鐘，直至泡發。

POINT

可在溫水裡放1小匙糖，再微波約1分多鐘，以加速香菇泡開！

2 取出已經泡發的香菇後，切成絲備用；接著，留下碗裡的香菇水，約2杯的份量備用即可。

3 將香菇水、香菇絲、洗好的白米、蝦米、乾金針、小魚乾、枸杞、高麗菜乾、柴魚片放入電鍋內鍋，加少許鹽與1杯水，稍微攪拌。

4 電鍋外鍋放1杯水後，置入內鍋，蓋上鍋蓋，按下電源。

POINT

電鍋外鍋所加的水應為熱水，可縮短烹煮時間！

5 待電鍋開關跳起，可先拿飯匙充分混合飯與食材，若覺得味道過淡，加點和風醬油調味，即可盛碗，趁熱食用。

搭配日式漬物一起吃，相當可口喔！

這樣料理，老饕也會愛上素！

　　去除蝦米、小魚乾與柴魚片等提味食材，改加入日式醬油提味，並依個人喜好放入鴻喜菇、紅蘿蔔絲等材料，以提升口感，最後撒點松子一起食用也很不錯喔！

Monday是個趣味早晨～

茄汁鮪魚捲麵

📋 份量：2~3人份　🕐 所需時間：30mins　🧤 烹調器具：🍲 ✕ 🍳

對義大利的媽媽們而言，這是道「急救餐」！沒有罕見配料、繁複作法，只要有義大利麵、番茄醬和橄欖油，即便是鮪魚罐頭，也能做出美味絕品！

Yes!
這類場合也入菜

- ✔ 宴客料理
- ✔ Party點心
- ✔ 野餐小點
- 　貪吃下午茶
- 　便當菜

材料 ingredients

★ 食材
義大利螺旋麵 250克
(約2.5碗)

鮪魚罐頭 130克
(約1罐)
起司片 4片

★ 調味料
鹽 1小匙
番茄醬 200克(約1碗)

橄欖油 2大匙
乾燥羅勒葉 適量

作法 How to make

1 鍋中倒適量水加熱，待水滾後，放入義大利螺旋麵。

2 在鍋裡加1小匙鹽、1大匙橄欖油，約煮10分鐘後撈起。

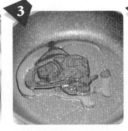

3 平底鍋加熱，放1大匙橄欖油後，倒入番茄醬炒至冒泡。

4 接著放進已去除湯汁的鮪魚罐頭肉，充分與番茄醬混合。

5 將煮好的義大利螺旋麵倒入鍋內略炒。

POINT

因番茄醬和鮪魚肉已有鹹味，故不須調味！

6 將起司片切小塊後，放入鍋裡，連同義大利螺旋麵一起拌炒約2~3分鐘。

7 最後，放進適量乾燥羅勒葉略炒，待香氣融入醬汁後，即可盛盤，趁熱享用。

POINT

若沒有羅勒葉，也可用氣味相近的「九層塔」代替喔！

這樣料理，老饕也會愛上素！

鮪魚罐頭可替換成素火腿丁，並可額外加入蘑菇片、紅蘿蔔丁、番茄丁一起拌炒，甚至可依個人喜好，酌量加點鹽、黑胡椒粒調味！

Tuesday來客法式風～

香酥鮭魚青蔬派

📋 份量：2~3人份　🕐 所需時間：1hr 20mins　🧤 烹調器具：🖥 ✕ 🍞

跟著米其林廚師Gordan Ramsey一起製作香酥鮭魚青蔬派吧！外表酥軟的奶油派皮，藏匿著鮮甜鮭魚肉與清甜爽脆的蔬菜餡，一入口，包你整天精神滿點！

Yes!
這類場合也入菜

✔ 宴客料理
✔ Party點心
✔ 野餐小點
✔ 貪吃下午茶
　 便當菜

材料ingredients

★ 食材
鮭魚 125克(約1/2片)
派皮 1片
蛋液 1顆量
蘆筍 10支

菠菜 60克(約半碗)
★ 鮭魚調味料
橄欖油 少許
鹽 少許
黑胡椒粒 適量

★ 奶油醬
奶油 約2大匙
乾燥羅勒葉 適量
巴西里末 適量
檸檬皮屑 約1小匙

黑胡椒粒 適量
鹽 適量

作法How to make

1
鮭魚洗淨後，去除魚皮與魚刺，切成條狀，瀝乾水分後，撒些橄欖油，醃製約5~10分鐘。

2
接著，稍微拍乾鮭魚表面的橄欖油後，撒些鹽、黑胡椒粒適度調味。

3
奶油放置室溫融化，混合乾燥羅勒葉、巴西里末、檸檬皮屑、鹽和黑胡椒粒後，拌成奶油醬。

POINT
羅勒葉可用「九層塔」代替，甚至加點檸檬椒鹽也很搭喔！

4
將作法3的奶油醬塗抹在鮭魚表面。

POINT
盡量讓鮭魚表面都能均勻塗抹到奶油醬！

5
取一片派皮，用擀麵棍來回擀開，使其大小與厚度能完整包覆住鮭魚。

6
將洗淨的菠菜與蘆筍放盤中，撒點油和鹽後，送入微波爐加熱1分鐘，取出，用筷子充分攪拌。

POINT
亦可將菠菜切成碎末，口感會更綿密；甚至，菠菜也可替換成地瓜葉喔！

接著,將菠菜先平鋪在派皮上,其範圍約跟鮭魚的大小相同;之後,再整齊地一根一根排上蘆筍,但不要超過菠菜的範圍。

最後,將塗有奶油醬的那面鮭魚分別朝下,覆蓋在蘆筍上。

POINT

也可撒些洋蔥絲,增添辛味!

在派皮四周塗抹蛋液,並將派皮包覆住鮭魚,接著在派皮黏接邊緣也塗上蛋液,用手指捏合。

烤盤上鋪烘焙紙並抹些奶油,將鮭魚派接合處朝下,放在烤盤上,送進冰箱冷藏。

POINT

剩餘麵團則可裝飾鮭魚派喔!

取出冰箱裡的鮭魚派後,在表面刷上一層蛋液。接著,烤箱先以200度預熱15分鐘後,放入鮭魚派,再以200度烤約25~30分鐘。

當鮭魚派烤到表面金黃酥脆後,取出,將鮭魚派放置室溫下5分鐘,待降溫後即可享用。

C king 有訣竅

Q. 從市場購買回來的新鮮鮭魚都會有些許腥味,究竟有什麼方法可以幫助去腥呢?

Ans. 一般來說,在鮭魚裡加入醋、酒,除了能去腥,還有調味的作用;另外,像是生薑、花椒、大蒜、紫蘇等強烈味道的辛香料,也有去腥的效果!

我不要身上有腥味!

這樣料理,老饕也會愛上素!

可將鮭魚替換成已經燙熟的切片蘑菇、杏鮑菇、香菇,並塗抹本食譜的奶油醬再撒些披薩專用起司條,包起派皮冷藏後,取出,放進烤箱烘烤,即成為「起司菇菇派」!

Tuesday 不一樣炒飯～

小家庭風味飯捲

份量：1~2人份　所需時間：25mins　烹調器具：

誰說蛋餅只能包鮪魚、火腿、起司⋯⋯，一種只屬於自家香味的炒飯，被香酥脆的餅皮包裹著，那粒粒分明的米飯香，在口中瀰漫⋯⋯

Yes!
這類場合也入菜

　宴客料理
✔ Party點心
✔ 野餐小點
✔ 貪吃下午茶
　便當菜

材料 ingredients

★ 食材
隔夜飯 1碗
蛋餅皮 1張
披薩專用起司條 約1/2碗

蛋 1顆
洋蔥 1/4顆

★ 調味料
肉鬆 適量
鮮味炒手 適量

TIPS

加點番茄丁，
味道會更爽口！

作法 How to make

1
將洋蔥洗淨後，去
皮，切丁；接著熱
鍋，放少許油，倒入
洋蔥丁炒香。

2
倒入隔夜飯稍微拌
炒，並盡量炒到粒粒
分明，使其與洋蔥丁
充分混合。

3
取一大碗，將1顆蛋
打入碗裡，快速攪拌
均勻後，迅速倒入鍋
裡的飯上。

POINT

盡量將蛋液均勻
地倒在飯上，才
能讓每顆飯粒
都包覆著金黃色
澤！

4
待蛋液快凝固時，加
入適量鮮味炒手。

POINT

市面上的鮮味炒
手有多種口味，
可依個人喜好挑
選！

5
接著，撒入適量肉
鬆，其份量可依個人
喜好而定，多一點也
無妨。

6
用鍋鏟將肉鬆與金黃
飯粒快速翻炒，切勿
炒太久，待食材拌炒
均勻後，盛盤備用。

POINT

要注意肉鬆不要
結塊，須炒到與
飯粒充分混合！

7

在平底鍋裡，放少許油，大約10元硬幣大小，開中小火加熱，接著放入蛋餅皮，將兩面稍微煎熱。

8

當蛋餅皮已不再出現冷凍狀態，且有微微冒熱氣時，將披薩專用起司條均勻鋪滿在蛋餅皮上。

9

將瓦斯爐轉成小火，待蛋餅皮上的起司條融化，約呈牽絲狀時，即可將蛋餅皮鏟起盛盤。

10

取適量作法6的肉鬆蛋炒飯，鋪在剛盛盤的起司蛋餅皮上。

POINT

炒飯不可放太多，以免捲起來時掉落！

11

接著，小心捲起餅皮兩邊，並不時輕捏，使炒飯與起司能充分融合。

POINT

或者，也可在蛋餅下墊張烘焙紙一起捲，可防止食用時，飯捲散開！

12

將捲好的飯捲，用刀子對切，盛盤後，即可享用。

POINT

食用時，可邊吃邊捏整飯捲，讓起司與炒飯充分混合！

剩餘食材大變身

鮮菇彩蔬蛋餅捲 ▶

今日主角～蛋餅皮

作法：熱鍋，放少許油，倒入高麗菜絲、紅蘿蔔末、柳松菇拌炒，接著加進蛋液充分拌勻，待炒料熟透後，撒點胡椒鹽調味即可起鍋。接著，將蛋餅皮放入鍋中，以小火慢煎至兩面金黃微焦後，盛盤。將炒料鋪在蛋餅皮上，捲起，切成適口大小即可享用。

 這樣料理，老饕也會愛上素！

蛋餅皮可選用不加蔥的純餅皮(抓餅亦可)，洋蔥丁則可換成用水泡軟後的乾香菇丁、紅蘿蔔絲炒香；肉鬆則可替換成素鬆；鮮味炒手可選用奶蛋素的鮮菇口味料理即成！

Brunch
6

Tuesday暖進心窩的料理～

超涮嘴餃子湯麵

📋 份量：1~2人份　🕐 所需時間：25mins　🧤 烹調器具：🍲

餃子是中國古時流傳下來的食品，通心粉則是一種義式麵食，而「一道料理，跨越了時空背景與國界，讓人們單純享受合而為一的口感」，品嘗時，毫無違和感！

Yes!
這類場合也入菜

　宴客料理
✔ Party點心
　野餐小點
✔ 貪吃下午茶
　便當菜

材料ingredients

★ **食材**
高麗菜豬肉水餃 20顆
通心粉 適量
苜蓿芽 1把

★ **調味料**
雞湯塊 2/3塊

TIPS
加點蝦仁進去，
湯頭會更為鮮甜！

作法How to make

1 取一湯鍋，放入適量水煮滾後，下高麗菜豬肉水餃和通心粉。

POINT

水餃也可替換成自己喜歡的口味喔！

2 撈起幾顆水餃，用叉子故意戳破，使餡料的鮮味流進湯裡。

POINT

也可讓1~2顆水餃全破，增加湯頭鮮味！

3 煮至鍋中的湯再次沸騰，滾約5分鐘後，加入雞湯塊調味，並放進苜蓿芽。

4 讓鍋中的湯再稍滾一下，熄火，蓋上鍋蓋燜10分鐘，即可盛盤。

剩餘食材大變身

餃餃大阪燒 ▶

今日主角～水餃

作法：鍋中放油，整齊排列水餃，待油出現啵啵聲時，加入麵粉水(1大匙麵粉配一碗8分滿的水)至水餃一半高度，蓋上鍋蓋，以中火燜煮5分鐘；接著混合蛋液、蔥花、高麗菜絲、胡椒鹽成蔬菜蛋液，倒入水快收乾的鍋中，煎至蛋液凝固、外表金黃微焦後，加點柴魚片、大阪燒醬即成。

這樣料理，老饕也會愛上素！

高麗菜豬肉水餃可替換成素水餃，雞湯塊則可選用素香菇湯塊來調味，甚至可在下水餃的同時，放些素肉丁、素丸子、玉米筍，待煮熟後，再加點茼蒿稍滾一下即成！

Brunch 7

Wednesday 早午餐也能很Kuso～

培根蛋包麵煎餅

份量：1~2人份　　所需時間：15mins　　烹調器具：🍲 ✕ 🍳

蛋包麵煎餅其實就是用意麵來取代基底的麵糊！由於沾滿蛋液的意麵在煎過後，色澤微黃，其酥脆、鬆厚的口感讓發育中的孩子愛不釋「口」！

私房推薦

Yes!
這類場合也入菜

　宴客料理
✔ Party點心
✔ 野餐小點
✔ 貪吃下午茶
　便當菜

材料ingredients

★ 食材
意麵 1個
蛋 2顆

培根 1條
小黃瓜 少許
紅蘿蔔 少許

★ 調味料
鹽 少許
軟化奶油 少許

TIPS
在意麵裡加入起司片，可使口感更香濃！

作法How to make

1 小黃瓜洗淨，切絲；紅蘿蔔洗淨，去皮切絲；培根對切備用。

2 鍋中加水，煮滾後，放入意麵，稍微汆燙後，撈出備用。

3 先將蛋打入碗裡，攪散後，加入軟化奶油、鹽拌勻，倒入意麵浸泡備用。

4 平底鍋加熱，放少許油，下培根，轉中小火先煎至兩面金黃微焦。

5 接著，將作法3的意麵連同蛋液倒在培根上，煎至定型。

6 將已定型的意麵翻面，使麵體兩面都煎至微黃酥脆。

7 將煎好的培根蛋包麵煎餅盛入盤中，用刀子小心對切成四片。

8 擺上小黃瓜絲、紅蘿蔔絲，搭配培根蛋包麵煎餅享用即成。

這樣料理，老饕也會愛上素！

培根可選用素火腿來代替，甚至可在作法3的蛋液中，放點切碎的九層塔、撒點披薩專用起司條等，即便是葷食也能這樣做喔！

Wednesday漫步京都~

醬燒花枝鑲飯

📋 份量：1~2人份　🕐 所需時間：1hr 35mins　🍳 烹調器具：

浸漬醬汁的糯米飯，連同彈牙的花枝一起下肚，絕妙美味，難以形容！若能撒點柴魚片、擠點美乃滋，風味更為獨特！

Yes!
這類場合也入菜
- ✔ 宴客料理
- ✔ Party點心
- ✔ 野餐小點
- ✔ 貪吃下午茶
- ✔ 便當菜

材料 ingredients

★ 食材
花枝 1條
糯米飯 1碗

薑 1小塊

★ 調味醬汁
柴魚醬油 2大匙
老抽 2大匙

醬油 2大匙
味醂 2大匙
清酒 2大匙

作法 How to make

1
薑沖洗乾淨，去皮磨碎；但若不希望薑味濃烈，也可切片或切絲！

2
鍋中放 1/3 的水，加入材料中的「調味醬汁」與薑末煮滾後，熄火。

3
倒入適量作法2的醬汁於糯米飯裡，浸泡約1小時，使其入味。

4
花枝洗淨，去除軟骨、內臟與花枝腳，只留下軀殼。

5
將浸漬入味的糯米飯塞入花枝軀殼內，並盡量壓實，以免最後切小段時散開。

6
接著，用2、3根牙籤穿過花枝口，須確實密封，以免下鍋烹煮時，糯米飯從封口掉出來。

7
最後，將塞滿糯米飯的花枝放入作法2的醬汁鍋裡，煮約15~20分鐘後，熄火。

8
此時先不要取出花枝飯，讓它浸泡在醬汁裡放涼後，再撈出切段。淋點醬汁於糯米飯上，即可享用。

這樣料理，老饕也會愛上素！

將柴魚醬油換成素香菇醬油，如上述步驟熬煮成醬汁後，倒入糯米飯裡浸漬！接著，以河粉皮代替花枝，將糯米飯鋪在河粉皮上，加點炒過的金針菇、素火腿丁後捲起，淋些醬汁，放進電鍋蒸熟即成。

Wednesday酸甜順口的美味~

可爾必思雞胸義大利麵

份量：1~2人份　　所需時間：25mins　　烹調器具：🍲 ✕ 🍳

「可爾必思」不只是乳酸菌飲料，更能入菜以增添料理味道的豐富性！其酸甜口感，可代替糖、醋、味酥等調味料喔！

Yes!
這類場合也入菜

✔ 宴客料理
✔ Party點心
✔ 野餐小點
　 貪吃下午茶
　 便當菜

材料ingredients

★ 食材	洋蔥 適量	★ 調味料	鹽 少許
義大利麵 1把	雞胸肉 150克	可爾必思 50c.c.(約1/4杯)	黑胡椒粒 少許
奶油 20克(約1.5大匙)	(約3/4碗)	牛奶 250c.c.(約2又1/5碗)	義大利香料 少許

作法How to make

1 洋蔥洗淨，去皮切絲；雞胸肉洗淨切塊，放入碗中，加義大利香料醃製。

2 鍋中加水煮滾，放點鹽，轉小火，下義大利麵，使麵呈放射狀散開，煮軟後撈出。

3 平底鍋加熱，放入奶油，直至奶油完全融化後，均勻塗抹平底鍋底。

4 接著，下洋蔥絲拌炒，直至炒到洋蔥絲出現香氣，並呈現半透明狀。

5 在平底鍋裡，倒入牛奶，並撒進少許鹽後，稍微攪拌一下。

6 接著倒入可爾必思拌勻，使其與牛奶、鹽徹底融合。

7 放入作法1已醃製好的雞胸肉，一同拌炒均勻。

8 最後拌入麵條，加點鹽調味，熄火盛盤，撒進黑胡椒粒即成。

這樣料理，老饕也會愛上素！

　　將洋蔥、雞胸肉替換成洗淨切小朵的青花菜、香菇片、蘑菇片、彩椒絲，接著一樣放進鍋裡拌炒，拌入麵條，依個人喜好加鹽、素食專用的鮮味炒手調味即成。

Thursday晨光Morning Call～

陽光班尼迪克蛋

📋 份量：1~2人份　🕐 所需時間：25mins　🍴 烹調器具：🍲 ✕ 🍞 ✕ 🍳

被半凝固蛋白圍繞的水波蛋，在刀子劃開的那一刻，金黃蛋液從縫隙間緩緩流淌，融合荷蘭醬，慢慢滲入英式馬芬，進而交織出絕響口感！

Yes!
這類場合也入菜

　宴客料理
✔ Party點心
✔ 野餐小點
✔ 貪吃下午茶
　便當菜

材料ingredients

★ **食材**
英式馬芬 1個
蛋 2顆
火腿 2片

奶油 少許
醋 2大匙
巴西里末 少許

★ **荷蘭醬**
蛋黃 2顆
檸檬汁 1/2大匙
鹽 1/8小匙

芥末 1/8小匙
融化奶油 1/4碗
Tabasco辣醬 1/8小匙

作法How to make

1

將蛋黃、檸檬汁、Tabasco辣醬、鹽、芥末放進碗裡拌勻，倒入融化奶油，攪拌至荷蘭醬變濃稠備用。

2

鍋中煮水並保持在不可完全沸騰的溫度，倒入醋，打進蛋，煮約30秒，熄火，燜至蛋白熟透後，撈起。

3

英式馬芬從側邊，對切成兩半。

POINT

英式馬芬就是我們所說的「滿福堡」！

4

在英式馬芬的切面上，均勻塗抹奶油，若喜歡奶香味濃郁者，可多抹一些。

5

將英式馬芬放進預熱好的烤箱，待烤至微黃酥脆後，取出。

6

熱鍋，放少許奶油，下火腿，煎熟兩面後，盛盤。

7

取一瓷盤，放上已烤好的英式馬芬，再各鋪一片火腿。

8

接著，分別擺上作法2的水波蛋，淋上荷蘭醬，撒點巴西里末裝飾即成。

這樣料理，老饕也會愛上素！

火腿可用番茄片或汆燙過的波菜來代替，甚至也可將蘑菇片、杏鮑菇片炒熟，加點鹽、黑胡椒粒，搭配英式馬芬和水波蛋即可食用。

Brunch 11

Thursday今天來點輕蔬食～

壽喜燒鮮菇蓋飯

份量：1~2人份　　所需時間：20mins　　烹調器具：🍳

菇蕈類一直都是健康養生的食材，經常使用在日式料理中，雖味道清淡卻不會喪失口感，當作一天裡的首餐，可謂是清爽無負擔的佳餚！

Yes!
這類場合也入菜

✔ 宴客料理
　 Party點心
✔ 野餐小點
　 貪吃下午茶
✔ 便當菜

材料 ingredients

★食材
白飯 1碗
洋蔥 1/2顆

鮮香菇 數朵
豆腐 1盒

★調味料
醬油 200c.c.(約1又1/5碗)
味醂 200c.c.(約1又1/5碗)

奶油 少許
清酒 少許
白芝麻 少許

作法 How to make

1 洋蔥洗淨後，去皮，切絲備用；鮮香菇洗淨後，切絲備用。

2 將豆腐放在盤子上後，用刀子輕切成小塊狀備用。

3 平底鍋加熱，放入奶油使其融化，再下洋蔥絲略炒。

4 待洋蔥絲炒到呈透明狀時，加入香菇絲稍微拌炒。

5 當香菇絲均勻沾上油脂且洋蔥絲微微焦黃時，放入豆腐。

6 用鍋鏟一邊翻炒食材，一邊將豆腐稍微壓碎。

7 接著，加入醬油、味醂、少許清酒，轉中小火熬煮至食材入味後，熄火。

8 在白飯上，均勻倒入作法7的醬汁與食材後，撒點白芝麻，即可趁熱享用。

這樣料理，老饕也會愛上素！

　　去除洋蔥，並改成杏鮑菇、金針菇、木耳絲，甚至可加點芹菜末、薑片提味，若喜歡食材豐盛者，還可放些紅蘿蔔絲、素丸子等，使口感更多變！

Thursday漫遊義式風~

BBQ雞絲彩椒披薩

份量：1~2人份　　所需時間：45mins　　烹調器具： × 🍞

披薩自己做，CP值超高！材料可依個人喜好隨意挑選，甚至喜歡牽絲口感的人，也能多放些起司條！嘴饞嗎？趕快來試試吧！

Yes!
這類場合也入菜

✔ 宴客料理
✔ Party點心
✔ 野餐小點
✔ 貪吃下午茶
　 便當菜

材料 ingredients

★ 食材
長方形披薩皮 1片
雞腿肉 150克(約3/4碗)
紅椒 1/8顆

黃椒 1/8顆
紅蔥頭 1/2顆
小番茄片 5顆量

★ 調味料
烤肉醬 適量
披薩專用起司條 適量

作法 How to make

1
將紅椒、黃椒洗淨切條狀；紅蔥頭剝掉外皮，去頭切小片狀；雞腿肉洗淨，以紙巾拍乾水分備用。

2
平底鍋加熱，放少許油，轉中火燒熱，下紅蔥頭片炒熟後，撈出備用。

3
接著，在平底鍋裡，放紅椒絲、黃椒絲，同樣以中火炒熟後，撈出備用。

POINT
紅椒絲、黃椒絲不用炒太久，大約維持在微脆口感即可！

4
平底鍋放少許油，加熱，下雞腿肉，以中火煎至肉色金黃後，再轉成小火煎熟。

5
待雞腿肉熟透後，取出，切條狀，與紅椒、黃椒、紅蔥頭片、小番茄片一起放盤中。

6
取出長方形披薩皮，用刷子沾些烤肉醬，在披薩皮上均勻塗抹，盡量連邊邊都能塗到。

POINT
若買不到長方形披薩皮，也可使用一般圓形披薩皮料理！

7

將塗好烤肉醬的披薩皮，均勻鋪上紅蔥頭片、紅椒和黃椒，接著再放上雞腿肉條、小番茄片。

8

最後，依個人喜好撒上披薩專用起司條。

POINT

喜歡起司口味重的人，多放點也無妨！

9

烤箱以200度預熱10分鐘後，在烤盤上鋪一層烘焙紙（或是鋁箔紙），放上作法8已鋪好食材的披薩。

10

將烤盤送進已預熱好的烤箱裡，以200度烤約15分鐘，直至起司條融化、表面金黃微焦即成。

11

從烤箱取出披薩，將披薩連同烘焙紙（或是鋁箔紙）放進盤裡，切成三等分即可食用。

POINT

也可在烤好的披薩上，撒些起司粉或紅辣椒粉喔！

COOking 有訣竅

Q. 假使家中沒有烤箱的話，是否有別種方式能烤製披薩呢？

Ans. 是的，可用平底鍋來製作！首先，平底鍋塗抹一層薄薄的油，先將沒放料的披薩皮放進鍋中，煎至底部金黃微焦後，翻面先熄火。接著，在微焦的餅皮上塗抹烤肉醬，並均勻鋪上紅蔥頭片、紅椒、黃椒、雞肉條(前述餡料必須炒熟)，於空位處填上小番茄片，撒些起司條後，蓋上鍋蓋，開小火燜約15分鐘，直至起司條融化即可取出。此外，也可放些羅勒葉(或九層塔)燜烤，可使披薩更為美味。但是，用平底鍋烤出的披薩，其口感還是不如烤箱烘製出來的酥脆喔！

我也能成為
萬用小烤箱！

這樣料理，老饕也會愛上素！

去掉紅蔥頭，並將雞腿肉替換成素火腿丁、蒟蒻丁，但素火腿丁可先不用炒過。此外，可額外添加煮熟的蘑菇片、紅蘿蔔丁、玉米、青豆等，烤肉醬則可用素烤肉醬或番茄醬來代替調味！

Brunch 13

Friday小週末的幸福~

彩蔬牧羊人派

份量：4~6人份　所需時間：40mins　烹調器具： × × 🍞

這道來自英國家喻戶曉的家鄉料理，是因為當地家庭主婦想處理掉剩下的肉類，所以不須任何派皮即能烹調出傳統美味，是一道零失敗的料理喔！

Yes!
這類場合也入菜

✔ 宴客料理
✔ Party點心
✔ 野餐小點
✔ 貪吃下午茶
　便當菜

材料 ingredients

★ **食材**
馬鈴薯 1顆
鮮奶油 約1小匙
洋蔥 1/4顆
冷凍三色蔬菜 1/4包

牛絞肉 125克
(約1又1/10碗)
橄欖油 少許
披薩專用起司條 適量

★ **調味料**
鹽 適量
黑胡椒粒 適量
麵粉(不限筋度) 約1小匙
番茄醬 約1小匙

牛肉高湯 90c.c.
(約3/5碗)

作法 How to make

1
馬鈴薯洗淨，削去外皮後，切小塊；洋蔥洗淨，剝去外皮，切碎與切條備用。

2
將馬鈴薯塊放入滾水鍋中，煮約20分鐘，直至薯塊變軟，取出瀝乾。

3
將煮熟的馬鈴薯塊放入碗中，用湯匙壓成薯泥狀。

POINT
也可將馬鈴薯放入電鍋蒸熟，可省去不少烹調時間喔！

4
接著，拌入鮮奶油，並加鹽、黑胡椒粒調味。

POINT
鮮奶油可讓薯泥變得鬆軟且入口即化！

5
平底鍋加熱，放少許橄欖油，先下洋蔥末、洋蔥條炒香後，再放入牛絞肉，炒到外表微微焦黃。

6
留下鍋裡的洋蔥末、洋蔥條與牛絞肉，將餘油倒掉，接著一邊倒入麵粉一邊拌勻，炒約1分鐘。

POINT
若能買到羊絞肉烹調，便能嘗到傳統牧羊人派的原始風味！

接著，在鍋裡加入1小匙的番茄醬、3/5碗的牛肉高湯，煮至湯汁沸騰後，轉小火繼續熬煮。

待鍋裡的湯汁熬煮到即將收乾時，依個人喜好，放點鹽調味，稍微攪拌一下，即可熄火。

將冷凍三色蔬菜放進微波爐，加熱退冰。

POINT

也可使用新鮮紅蘿蔔丁（1根量）、玉米粒1杯、熟青豆1杯來料理。

將作法8已做好的牛絞肉醬均勻鋪在烤碗裡，接著再將加熱好的三色蔬菜鋪在牛絞肉上。

最後，均勻塗抹作法4的馬鈴薯泥。

POINT

馬鈴薯泥大約鋪到烤碗的八分滿即可。

再撒上一層厚厚的披薩專用起司條。

POINT

盡量撒滿整個派的表面，讓起司的口感更厚重。

烤箱以190度預熱5分鐘，放進作法12的烤碗，以190度烤約20分鐘，直至表面金黃微焦即可取出。

挖一口下肚，飽暖感十足！

這樣料理，老饕也會愛上素！

　　去除洋蔥末、牛肉高湯，將牛絞肉換成素臘腸丁與蘑菇片等，在作法5的時候，先下冷凍三色蔬菜拌炒，接著放進素臘腸丁、蘑菇片、適量鹽後翻炒，再加入蔬菜高湯，待熬煮到湯汁收乾即成。最後，同步驟10的作法，先鋪素餡料、再均勻鋪平馬鈴薯泥，撒些披薩專用起司條，送進已預熱的烤箱，烘烤至起司融化、表面金黃微焦即成。

Brunch 14

Friday不用醬的義式料理～

雞肉南瓜泥燉飯

📋 份量：2~3人份　🕐 所需時間：20mins　🥄 烹調器具：🍳

金黃南瓜香香甜甜，入菜最能感受出食材的原味，此時搭配雞肉的鮮嫩口感加上吸附了湯汁精華的米飯，更能展現義式風情！

Yes!
這類場合也入菜

- ✔ 宴客料理
- ✔ Party點心
- ✔ 野餐小點
- 　貪吃下午茶
- 　便當菜

材料 ingredients

★ 食材
隔夜飯 1碗
茄子 適量

南瓜丁 適量
蘆筍 4支
雪白菇 1個

洋蔥末 適量
玉米筍 2根
雞絞肉 適量

★ 調味料
鹽 少許
昆布蔬菜高湯 1杯

作法 How to make

1

茄子洗淨切絲；蘆筍、雪白菇、玉米筍沖洗乾淨後，切成小段備用。

POINT

茄子絲可浸泡鹽水，以防氧化。

2

平底鍋開中小火加熱，放少許油，倒入洋蔥末、南瓜丁後，稍微翻炒一下至食材變軟。

3

接著，再放入雞絞肉，拌炒至雞絞肉均勻散開後，下蘆筍段、茄子絲，以及洗淨的雪白菇、玉米筍一起拌炒。

4

最後，放入隔夜飯，用鍋鏟稍微炒散；接著，慢慢倒入昆布蔬菜高湯、加點鹽，再次用鍋鏟稍微翻炒拌勻。

5

轉中火，當鍋裡湯汁熬煮至收乾時，可先試吃燉飯，若覺得米飯有點硬，可加水繼續燉煮，直至達到偏好的軟硬口感，即可熄火，盛盤享用。

這道料理也很合適作為嬰兒副食品，但口味不宜太重！

這樣料理，老饕也會愛上素！

去除洋蔥末，並將食材中的雞絞肉替換成素肉丁、香菇絲、草菇等，甚至也可在拌炒的過程中，加點芹菜末、紅椒絲、四季豆、青花菜，以讓整體口感更為豐富。

Brunch 15

Friday增進食慾的好味道～

蕎麥麵壽司

📋 份量：1~2人份　🕐 所需時間：5mins　🧤 烹調器具：🍲

一般來說，壽司包飯是大家最常吃到的日式料理；如今，將醋飯換成口感紮實的蕎麥麵，更讓食用者出現新奇之感！

私房推薦

Yes!
這類場合也入菜

✔ 宴客料理
✔ Party點心
✔ 野餐小點
✔ 貪吃下午茶
✔ 便當菜

材料ingredients

★ **食材**
黃金蕎麥麵 1把
玉米筍 2根

海苔 1片
冰塊 適量

★ **調味料**
雞精粉 少許
七味粉 少許

鹽 少許
美乃滋 適量

作法How to make

1

將黃金蕎麥麵放進滾水鍋，以中小火煮約4~5分鐘至麵條熟軟後，撈起。

POINT

麵條下鍋後，要快速拌開，以免黏在一起！

2

取一大碗，放入適量冰塊後，倒入剛煮好的黃金蕎麥麵，並稍微用冰塊覆蓋麵條冰鎮，使其浸泡涼透，維持Q彈口感。

3

取一湯鍋，放入適量水煮滾，依個人口味喜好撒些雞精粉，倒入洗淨的玉米筍後，燙熟，撈出瀝乾水分。

4

平鋪海苔，將瀝乾水分的黃金蕎麥麵鋪在海苔上。

POINT

要盡量瀝掉麵條水分，以免捲起來後，濕軟不好切！

5

接著，在黃金蕎麥麵上放玉米筍，將海苔捲起，切小段，淋上美乃滋，撒點七味粉和鹽即成。

搭配茶或熱湯食用，會更美味喔！

這樣料理，老饕也會愛上素！

去除食材中的雞精粉，並替換成素食專用的香菇粉或昆布粉；此外，在鋪上黃金蕎麥麵和玉米筍後，還可視個人喜好，添加熟的素火腿絲或素鬆以豐富料理味道與口感。

Brunch 16

Saturday就是要來頓早餐饗宴~

墨西哥起司捲餅

📋 份量：1~2人份　🕐 所需時間：15mins　🧤 烹調器具：🍳 ✕ 🔲

墨西哥餅皮隱隱散發出的天然麵香是種純粹的味道，包覆著爽口開胃、不油不膩的餡料，適合當作夏季輕食！

Yes!
這類場合也入菜

✔ 宴客料理
✔ Party點心
✔ 野餐小點
✔ 貪吃下午茶
　便當菜

材料ingredients

★ 食材
墨西哥捲餅皮 2片
蛋液 1顆量
冰奶油 約1小匙

酪梨 1/4顆
紅椒 1/4顆
黃椒 1/4顆
紅蔥頭 1/2顆

帕瑪森起司粉 適量
玉米粒 1/2罐
調味牛絞肉 100克
(約1/2碗)

★ 調味料
鹽 適量
黑胡椒粒 適量

作法How to make

1 紅蔥頭洗淨，去皮切丁；紅椒、黃椒、酪梨洗淨，切丁備用。

2 鍋內放油，轉中火燒熱，下調味牛絞肉炒熟後，撈出瀝油。

3 接著下紅椒丁、黃椒丁和紅蔥頭丁炒熟，加鹽調味後，撈出。

4 玉米粒倒入碗裡，放進微波爐，加熱約1分鐘後，取出備用。

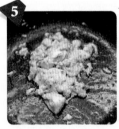

5 蛋液加入冰奶油、鹽、黑胡椒粒，拌勻。熱鍋，加點油，倒入蛋液，以中小火炒熟後，盛盤。

6 攤開墨西哥捲餅皮，在中間擺上牛絞肉、紅椒丁、黃椒丁、紅蔥頭丁、酪梨丁、玉米粒與炒蛋。

8 最後，撒些帕瑪森起司粉，將餅皮兩邊往中間捲起，即可直接享用。

POINT

作法6的炒料皆須瀝乾水分後再放，以免餅皮受潮變軟而影響口感！

這樣料理，老饕也會愛上素！

　　可去除食材中的紅蔥頭，並將調味牛絞肉換成素火腿丁，而除了加入上述食材外，也可額外放些炒熟的紅蘿蔔丁，再撒點素鬆、擠點美乃滋，捲起即成。

Brunch 17

Saturday 英國早午餐也吃咖哩飯～

鮭魚咖哩黃金飯

🧾 份量：1~2人份　🕐 所需時間：40mins　🔔 烹調器具：🍲 ✕ 🍳

早在17世紀的英國烹飪書籍中，就能看出當時流行將印度咖哩粉加入料理，濃郁強烈的辛香料，著實一點一點地刺激人們味覺！

Yes!
這類場合也入菜

- ✔ 宴客料理
- ✔✔ Party點心
- ✔ 野餐小點
- 貪吃下午茶
- ✔ 便當菜

材料ingredients

★ 食材
熟印度香米 180克
(約1碗)
洋蔥末 1/2顆量
紅椒 1顆

鮭魚 300克(約1片)
水煮蛋 1顆

★ 調味料
小豆蔻粉 少許
咖哩塊 適量
雞湯 250c.c.
(約1又1/2碗)

巴西里葉 適量

作法How to make

1
取一大碗，依個人喜好，取出適量咖哩塊，用湯匙或擀麵棍搗成碎末備用。

2
將洗淨紅椒直接放到瓦斯爐的火上烤，由於紅椒皮很厚，所以不須擔心烤焦，但要邊烤邊慢慢翻轉。

3
待紅椒外皮變黑後，遠離火源，先放在旁邊放涼，之後再剝去紅椒外表的黑皮，去籽切丁備用。

POINT

紅椒外的黑色表皮須完全剝除乾淨，只留紅椒肉備用。

4
取一鍋，倒入雞湯，放進鮭魚，以中火煮約10分鐘，待魚肉半熟後，即可熄火。

5
取出雞湯鍋裡的鮭魚，但保留雞湯，將鮭魚去皮去骨，切成適口小塊狀備用。

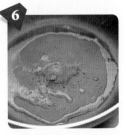

6
平底鍋加熱，放少許油，先加入小豆蔻粉稍微翻炒一下，讓小豆蔻的特有香味融入油中。

POINT

若不喜歡小豆蔻的味道，也可不加！

下洋蔥末後,放入作法1的咖哩粉、熟印度香米均勻翻炒。

POINT

沒有咖哩塊也可用咖哩粉代替!

將預留的雞湯緩慢倒入平底鍋裡,再放進巴西里葉,稍微攪拌均勻,讓米能浸漬在雞湯中,轉小火,熬煮約15分鐘。

15分鐘過後,先試吃一下香米,若米已入味,再放進半熟的鮭魚塊。

放進紅椒丁,稍微翻炒一下,即可盛盤。

POINT

在翻炒時,小心別弄碎鮭魚!

取一顆水煮蛋,剝去外殼後,切丁,將水煮蛋丁撒在炒好的飯上後,即可趁熱享用。

POINT

除了水煮蛋外,淋點原味優格或芒果醬也意外合搭喔!

加點美乃滋拌飯吃,也很不錯唷!

COOking 有訣竅

Q. 食材中的印度香米該至何處購買?若沒有印度香米還能用什麼主食代替呢?

Ans. 基本上,印度香米可從COSTCO購買。但若是一時買不到印度香米也沒關係,可用泰國米來代替,甚至覺得麻煩的人也可直接用白飯來料理,只是在味道上少了印度香米的奶油和堅果等特有香氣。此外,我們也可將半熟的麵疙瘩代替米,口感會更加獨特!

使用泰國米也有不同口感!

這樣料理,老饕也會愛上素!

可去除食材中的洋蔥、鮭魚,並用芹菜末、杏鮑菇塊、猴頭菇來代替,而雞湯則可替換成蔬菜高湯,並可添加青花菜、紅蘿蔔丁來提升營養。

Brunch 18

Saturday享受滿嘴起司的快感～

香煎牛排 &
番茄起司義大利麵

份量：1~2人份　所需時間：1hr　烹調器具： × ×

忙碌工作後的悠閒小假日，是我們一週最期待的小確幸！在週末的早午餐裡，當然也要有一席豐盛料理，軟嫩牛排搭配彈牙的番茄起司義大利麵，如此美好的一餐，怎能錯過！

Yes!
這類場合也入菜

✔ 宴客料理
✔ Party點心
✔ 野餐小點
　貪吃下午茶
　便當菜

材料ingredients

★ 食材
牛排 1塊
義大利麵 1把
番茄 1顆

蒜末 3瓣量
起司片 2片

★ 調味料
水 1碗
番茄醬 1大匙
奶油濃湯塊 1塊

黑胡椒粒 少許
有鹽奶油 適量
鹽 少許

作法How to make

在牛排兩面撒上黑胡椒粒與鹽，醃製備用；番茄洗淨，切塊備用。

起一滾水鍋，放點鹽，轉小火，下義大利麵，使麵呈放射狀散開。

當義大利麵煮至約八分熟時，熄火，撈出備用。

熱鍋，放有鹽奶油，以中火將牛排兩面煎至微焦後，起鍋，留餘油。

烤箱以200度預熱5分鐘後，放進牛排，以200度烘烤，熟度可視個人喜好而定。

在作法4留有餘油的鍋裡，放進番茄塊、蒜末與義大利麵，以小火炒香。

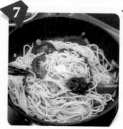

接著，加入水、奶油濃湯塊，使其融化，再放番茄醬炒勻，切記水分不可炒乾。

將義大利麵盛盤，放上起司片，送進微波爐加熱使起司融化，擺上牛排，放塊有鹽奶油即成。

這樣料理，老饕也會愛上素！

去除蒜末，並選用素食的奶油濃湯塊或香菇湯塊來料理，而牛排則可用素牛排來代替，不須醃製，直接煎熟後，加點黑胡椒醬或蘑菇醬即成。

Brunch 19

Sunday吃起來就是無負擔～

Mini懶人鹹派

份量：4~5人份　　所需時間：55mins　　烹調器具：

這道鹹派是種「食材大雜燴」的概念，雖符合懶人做法，但是營養價值與料理過程可是一點都不馬虎喔！

Yes!
這類場合也入菜
- ✓ 宴客料理
- ✓ Party點心
- ✓ 野餐小點
- ✓ 貪吃下午茶
- 便當菜

材料ingredients

★ 食材
吐司 8片
蛋 2顆

火腿 3片
酪梨 1/2顆
牛奶 1/2大匙

★ 調味料
鹽 適量
黑胡椒粒 適量

奶油 適量
蒜味奶油乳酪 1/4碗
披薩專用起司條 適量

作法How to make

1

酪梨用清水洗淨後，先切半，再去除外皮，切丁備用；火腿也是切丁備用。

2

取出吐司，將馬克杯的杯口往吐司中央下壓出一個圓形，留下圓形吐司備用。

3

將壓好的圓形吐司用**擀麵棍**盡量**擀**平，如此等會兒烤出來的口感才會更酥脆。

POINT

可來回多**擀**幾次，讓吐司變成薄薄一片最好！

4

在圓形模具的底部和邊緣都塗抹奶油。

POINT

模具也可選用自己喜愛的形狀來變化外觀！

5

將吐司皮放進圓形模具裡，除了壓實底部與邊緣，也要將吐司上緣稍微內摺，如圖所示，才會有花的形狀。

6

烤箱以205度預熱10分鐘後，放進花形吐司皮模具，以205度烤約8~10分鐘後，取出放涼。

POINT

剛烤好的花形吐司模具須先讓它稍稍降溫，使吐司外觀定型。

7

取一大碗，將一顆蛋打入碗裡，攪散，接著加入蒜味奶油乳酪、黑胡椒粒、鹽，再繼續攪拌至蛋液滑順、無顆粒狀。

8

接著，再打入另一顆蛋，倒入牛奶、火腿丁、酪梨丁稍微混合，但不要攪拌，以免酪梨被打散，使顏色糊掉。

9

取一微溫的花形吐司模具，將作法8的蛋液餡料緩緩且均勻地倒進去，差不多八分滿即可，最後撒上披薩專用起司條。

10

將已放好餡料的花形吐司模具放進烤箱，轉175度烤約20分鐘，直至內餡凝固後，即可取出。

11

若不確定內餡是否有熟，可試著用牙籤戳一下餡料中央，若沒有沾到蛋液代表已經熟透，應趁熱享用最對味！

POINT

也可擠些番茄醬一起吃，酸甜鹹香的味道非常合拍！

剩餘食材大變身

鬆軟麵包布丁 ▶

今日主角～吐司

作法：將1大匙的細砂糖、2顆蛋加入一大碗的牛奶裡，並盡量攪拌到蛋液滑順、沒有糖粒備用。將本道食譜壓出的吐司邊切小塊，放進烤箱烘烤到色澤金黃後，取出放涼。在烤碗裡抹上奶油，放入一些隨意撕的吐司(或麵包)後，再鋪上烤好的吐司塊，淋入2大匙融化奶油，再倒入調好的蛋液約八分滿即可，並將吐司塊盡量下壓浸漬在蛋液裡，撒些葡萄乾，包上保鮮膜，冷藏半小時。接著，取一烤盤，加入一半的熱水，將冷藏好的烤碗放進烤盤，用隔水加熱的方式，放進已預熱180度的烤箱，烤約40分鐘，直到表面焦黃、膨起即成，放涼後可直接享用！

這樣料理，老饕也會愛上素！

將蒜味奶油乳酪改成原味奶油乳酪，並把食材中的火腿丁，以素火腿丁或蘑菇丁、香菇丁來取代，甚至還能加些切碎的青花菜、紅椒丁，使味道更加多元。

Sunday豆香飄滿屋～

嫩雞豆漿燉飯

📋 份量：1~2人份　🕐 所需時間：30mins　🍲 烹調器具：🥘

「嫩雞豆漿燉飯」的營養價值很高，除了減少油脂的攝取，白飯在豆漿的薰陶下，更讓每顆飯粒散發出天然豆香！

Yes!
這類場合也入菜

　　宴客料理
✔　Party點心
✔　野餐小點
　　貪吃下午茶
✔　便當菜

材料 ingredients

★ **食材**
隔夜飯 1碗
無糖豆漿 200c.c.(約2碗)

紅蘿蔔 1小塊
秀珍菇 6朵
嫩雞丁 100克(約1碗)

洋蔥 1/2顆
甜豆 10根

★ **調味料**
鹽 少許
義大利香料 適量

作法 How to make

1 紅蘿蔔洗淨後，削去外皮，切丁；洋蔥洗淨後，剝去外皮，切丁；甜豆去筋洗淨；嫩雞丁、秀珍菇洗淨備用。

2 平底鍋加熱，放少許油，先倒進洋蔥丁爆香。

POINT

洋蔥丁也可用蒜末取代喔！

3 接著，放入洗淨的嫩雞丁，先用鍋鏟稍微拌炒一下，再倒入已處理好的秀珍菇、甜豆，以及紅蘿蔔丁略為翻炒。

4 放入隔夜飯後，用鍋鏟均勻地炒散。

POINT

使用隔夜飯才能讓燉煮出來的口感粒粒分明、軟硬適中！

5 接著，倒入無糖豆漿，使飯完全浸入到豆漿裡，轉成小火，燉煮約10分鐘，讓每顆飯粒皆能充分吸收到豆漿香氣。

6 起鍋前，可先試嚐一口燉飯，待豆漿入味後，依個人喜好，加入適量鹽與義大利香料調味，即可盛盤食用。

這樣料理，老饕也會愛上素！

　　去除食材中的洋蔥、義大利香料，並將嫩雞丁改成切塊的杏鮑菇，甚至可放些木耳絲、馬鈴薯丁一起燉煮，最後起鍋時，加點披薩專用起司條拌勻，香濃可口的「起司鮮菇豆漿燉飯」馬上上桌。

Sunday爆漿肉汁瞬間噴發~

香料義式肉丸麵

份量：1~2人份　　所需時間：1hr 30mins　　烹調器具： × 🍲

去IKEA逛街時，從餐廳飄來的陣陣肉丸香，總讓人垂涎三尺！現在，只要準備好以下材料，你也可以輕鬆動手做喔！

Yes!
這類場合也入菜

✔ 宴客料理
✔ Party點心
✔ 野餐小點
　 貪吃下午茶
　 便當菜

材料ingredients

★ **食材**
斜管麵 適量
洋蔥 1顆
蛋 1顆
起司片 2片

絞肉(1/2牛絞肉
+1/2豬絞肉) 適量
番茄 3顆

★ **調味料**
奧勒岡葉 適量
鹽 適量
橄欖油 適量
有鹽奶油 適量

太白粉 1大匙
水 1/2碗
番茄醬 適量

作法How to make

1

洋蔥洗淨去皮，切碎末備用；番茄洗淨，切小塊備用；起司片切小塊備用。

2

取適量絞肉，用刀子剁成肉泥狀。

POINT

用刀刃處剁出的肉泥會比較好吃，切記不要使用刀背喔！

3

在肉泥中，加入1/4顆份量的洋蔥末、1顆蛋後，撒些奧勒岡葉與鹽。

POINT

奧勒岡葉常用於麵條、通心粉、醬汁或披薩等料理當中！

4

接著，用筷子或勺子攪拌作法3的絞肉直至有筋性後，加入太白粉攪拌均勻。

5

取約兩湯匙的肉泥份量壓扁，在中央處放一小塊起司片包起來。接著兩手拋甩絞肉，使其成球狀。

6

平底鍋加熱，倒入適量橄欖油，放進作法5的肉丸，煎至表面變色並定型後，將肉丸盛盤備用。

POINT

由於肉丸後續還要燉煮，所以不須煎到金黃微焦的程度！

將平底鍋沖洗乾淨，放入有鹽奶油融化後，將剩餘的洋蔥末倒進鍋中，一直拌炒到熟軟。

放進番茄塊後，加少許鹽調味。

POINT

也可依個人喜好，將番茄切丁烹調！

待食材入味後，下作法6煎好的肉丸，淋入適量番茄醬、1/2碗水後，稍微拌炒一下，以小火熬煮至收汁，即可盛盤。

起一滾水鍋，加1小匙橄欖油、1小匙鹽後，放入斜管麵，煮至自己喜愛的軟硬度後，盛盤。

在煮好的斜管麵上，先淋入作法9的肉丸醬汁，接著在旁邊擺幾顆肉丸，即可趁熱享用。

POINT

除了斜管麵以外，也可替換成義大利麵，甚至將本道醬汁拌飯也很美味喔！

C○○king 有訣竅

Q. 本道肉丸除了包覆起司外，還能製作其他口味嗎？此外，捏肉丸時，很容易有大小不均的情況，這要如何解決呢？

Ans. 其實，我們也可使用較台式的作法來料理本食譜的肉丸，意即用蔥鬚來取代起司，再混合絞肉一起拌勻，如此不僅能軟化肉質，還可增加甘甜味。然而，捏肉丸時，總會有大小不一的問題，若沒有工具秤量，可先將肉餡分成四等分，再將每等分的肉餡，依個人喜好分切成適合的大小，搓成肉丸即可。

這樣料理，老饕也會愛上素！

去除食材中的洋蔥，並省略製作肉丸的步驟，直接將切丁的豆包、切條的素雞排先煎好，之後再從作法7開始，用芹菜末取代洋蔥拌炒，接著同作法8的步驟開始調製醬汁，完成後與斜管麵拌勻即成。

Part 2

誰說早午餐一定慢！
10分鐘速速上桌的晨光美味

Hurry up！還在與時間搏鬥嗎？本篇詳列的 10 分鐘食譜，
讓你不再被時間追著跑，10 分鐘也能馬上做出令人食指大
動、垂涎三尺的晨光餐點喔！

計量單位

🥄 **1 大匙＝ 15 公克＝ 3 小匙（亦可用一般湯匙來代替）**

🥄 **1 小匙＝ 5 公克**

🍜 **1 碗＝ 250 公克**

🥛 **1 杯＝ 180c.c.**

鮮蔬造型早餐盅(P.82)

Sunny三明治(P.80)

起司火腿乳酪餅(P.94)

Brunch 22

少女系的早晨浪漫～

鮪魚玉米可麗餅

📋 份量：1~2人份　🕐 所需時間：10mins　🧤 烹調器具：🍳

只要學會自製可麗餅皮，甜鹹口感任你自由搭配！甚至，只是單吃餅皮、喝杯香醇拿鐵，也是種無負擔的輕食選擇！

Yes!
這類場合也入菜

　　宴客料理
✔　Party點心
✔　野餐小點
✔　貪吃下午茶
　　便當菜

材料ingredients

★ **食材**
低筋麵粉 75克(約3/4碗)
牛奶 240c.c.(約2又1/6碗)

奶油 1大匙
蛋 1顆
鮪魚罐頭 適量

玉米粒 適量
起司片 1片

★ **調味料**
白砂糖 1/2大匙
鹽 少許

作法How to make

1 取一大碗，倒入約3/4碗的低筋麵粉、1/2大匙的白砂糖，並加入少許鹽後，稍微攪拌，使其混合均勻。

2 接著，打入一顆蛋，並依序加入約2又1/6碗的牛奶，以及放在室溫下，有點軟化的奶油1大匙。

3 用打蛋器攪拌作法2的可麗餅麵糊，直至表面光滑且無顆粒後，將可麗餅麵糊過篩網備用。

4 平底鍋放少許奶油，不可過多，否則餅皮會太軟，以中火加熱融化，倒入可麗餅麵糊，煎約2分鐘至底部金黃，翻面。

5 待餅皮兩面煎熟、表層金黃後，加入去除湯汁的鮪魚罐頭肉，撒點玉米粒與切成三等分的起司片。

6 用筷子或鍋鏟將兩邊的餅皮往中間折起，包覆住食材，小心盛盤，即可趁熱享用。

這樣料理，老饕也會愛上素！

　　可去除食材中的鮪魚，改加入素鬆、少許美乃滋食用；甚至，只需在餅皮上，淋上自己喜愛的果醬，如巧克力醬、花生醬……等，再放些水果也很清爽喔！

Brunch 23

心中滿溢美味幸福感～

暖暖蛋心吐司

📋 份量：1~2人份　🕐 所需時間：10mins　🥄 烹調器具：

無法說出的愛，就用料理來傳達吧！吃下滿滿的「愛心」，將能感受到烹飪者的暖流，即便說不出口，也能將愛傳遞到彼方！

Yes!
這類場合也入菜

　宴客料理
✔ Party點心
✔ 野餐小點
✔ 貪吃下午茶
　便當菜

材料 ingredients

★ 食材
吐司 2片
培根 2條

蛋 2顆
奶油 適量

★ 調味料
鹽 適量
黑胡椒粒 適量

巴西里末 適量

作法 How to make

1 先用心型模具在吐司中間壓出一個愛心，剩餘吐司保留備用。

POINT
也可使用其他形狀的模具變換造型喔！

2 用抹刀沾少許奶油後，均勻塗抹作法1中空吐司的兩面(愛心吐司可抹可不抹)，以使煎製後的中空吐司散發香氣。

3 平底鍋加熱，倒少許油，以中小火燒熱後，放進作法2已塗好奶油的中空吐司和愛心吐司，煎至表面微黃後，愛心吐司盛盤備用。

4 將中空吐司翻面，在其愛心處，放一小塊奶油，待融化後，打入一顆蛋，再撒點鹽調味。待煎至蛋白凝固、吐司微焦黃時盛盤。

5 留鍋中餘油燒熱，下培根，煎至金黃微焦後，起鍋擺在蛋心吐司旁，並撒點黑胡椒粒。

6 將巴西里末倒入碗裡，在愛心吐司的邊緣塗上奶油後，邊緣沾一圈巴西里末作為裝飾，放進盤中即成，另一片吐司作法亦同。

這樣料理，老饕也會愛上素！

由於食材中的培根為吐司的配料，故可彈性加入喜愛的食物，例如搭配素鬆、煎好的素火腿片或素肉排等，甚至是前一晚的剩菜，皆合適加熱後一起食用喔！

Brunch 24

金黃微焦的異國甜蜜~

香橙法式小方塊

📋 份量：1~2人份　🕐 所需時間：10mins　👐 烹調器具：🍳

法式吐司通常是沾了蛋液，下鍋煎到金黃就直接盛盤，但其實只要在煎製過程中淋上一點果醬與蜂蜜的綜合巧思，更使這份法式吐司多了甜滋滋的感覺！

奶蛋素

Yes!
這類場合也入菜

　　宴客料理
✔　Party點心
✔✔　野餐小點
✔　貪吃下午茶
　　便當菜

材料ingredients

★ 食材
吐司 2片
柳橙汁 2大匙

牛奶 1大匙
蛋 2顆
奶油 1大匙

糖粉 少許
烤杏仁 少許

★ 橙柚醬
橘子醬、柚子醬 各1大匙
蜂蜜 1大匙

作法How to make

1 將兩片吐司切成九宮格的小方塊備用。

POINT

如果喜歡厚實口感，可使用厚片吐司來料理！

2 取一大碗，先打入2顆蛋，再加入牛奶、柳橙汁後，用打蛋器攪拌均勻成牛奶柳橙蛋液備用。

3 平底鍋放入奶油，以中火融化後，下兩面沾了牛奶柳橙蛋液的吐司塊(不要浸泡蛋液裡，會變軟)，煎至兩面金黃，表層微脆。

4 在煎吐司塊的同時，取一小碗，放入橘子醬、柚子醬與蜂蜜，並用湯匙充分混合攪拌成橙柚醬。

5 將橙柚醬倒在平底鍋裡的金黃吐司塊上，並用鍋鏟將鍋裡的吐司塊拌勻，並務必使所有吐司塊都能均勻沾到。

6 將沾滿橙柚醬的吐司塊盛盤，並在上面撒些烤杏仁、糖粉，趁熱食用會更美味喔！

剩餘食材大變身

地瓜蜂蜜煎餅 ▶ 今日主角～蜂蜜

作法：將地瓜去皮切塊蒸熟後，連同去皮的蘋果丁放進果汁機裡，加入適量牛奶攪打均勻後，倒入中筋麵粉、葡萄乾拌勻成麵糊，加入蜂蜜調味。平底鍋不放油加熱，取一烘焙紙墊在鍋裡，將麵糊倒入鍋中，不要太厚，以小火烘烤，接著翻面(可於煎餅上覆蓋烘焙紙再翻面)，直至煎到兩面金黃後，即可起鍋，趁熱享用。

Brunch 25

就該充滿奶蛋香的美式炒蛋~

滑嫩鮭魚炒蛋

份量：1~2人份　所需時間：10mins　烹調器具：

每一天的早晨若能看到色彩鮮豔的豐盛早餐，再頑強的瞌睡蟲也能馬上退散，而這道軟嫩香滑的鮭魚炒蛋，可是結合營養與視覺的美味綜合體喔！

Yes!
這類場合也入菜

- ✔ 宴客料理
- ✔ Party點心
- ✔ 野餐小點
- ✔ 貪吃下午茶
- ✔ 便當菜

材料ingredients

★ 食材
鮭魚 1 片
蛋 4 顆

牛奶 3 大匙
青蔥的尖端 適量
小番茄 適量

美生菜 適量
奶油 適量

★ 調味料
鹽 適量
黑胡椒粒 適量

作法How to make

1 鮭魚洗淨，加少許鹽醃製後，去皮去骨，切成小塊狀。

2 將美生菜洗淨，瀝乾；小番茄洗淨後，切半備用。

3 將青蔥的尖端切成小段，放入碗中，打入蛋，倒入牛奶。

4 接著，放入鮭魚塊，加適量鹽和黑胡椒粒，攪拌均勻。

5 平底熱加鍋，放適量奶油融化，倒入鮭魚蛋液後，轉中火，讓蛋液的邊緣先稍微凝固。

6 用鍋鏟快速將蛋往平底鍋的中央「推」和「堆」，而不是將蛋推散開來，最後便會成為蛋塊狀。

7 盡量讓蛋塊在中央加熱，約七分熟時盛盤，但須注意炒蛋不可乾掉或焦黃，應維持滑嫩感。

8 在炒蛋旁邊鋪上幾片美生菜、小番茄片即可趁熱食用，甚至也可搭配貝果或烤吐司一起吃喔！

這樣料理，老饕也會愛上素！

　　去除掉鮭魚和青蔥，改成甜椒絲、蘑菇片與蛋液一起混合，或者也可煎好素肉排，搭配炒蛋一起享用！

馬鈴薯的極致變化~

馬鈴薯窩窩太陽蛋

份量：1~2人份　　所需時間：10mins　　烹調器具：

香氣逼人的馬鈴薯脆絲，藏匿著一顆金碧輝煌的太陽蛋，不必催促家人往餐桌移動，他們也會聞香自至！

Yes!
這類場合也入菜

- ✔ 宴客料理
- ✔ Party點心
- ✔ 野餐小點
- ✔ 貪吃下午茶
- ✔ 便當菜

材料 ingredients

★ 食材
馬鈴薯 1顆
奶油 1大匙
蛋 1顆

★ 調味料
義大利香料 適量
黑胡椒粒 適量

TIPS
加點起司條一起烤，牽絲口感更是一絕！

作法 How to make

1 馬鈴薯洗淨，削去外皮，刨成馬鈴薯絲。

POINT

如果時間允許，用刀子切絲的馬鈴薯會比刨絲器的口感更好！

2 取一烤盤，在底部塗抹適量奶油後，鋪好馬鈴薯絲。

POINT

馬鈴薯絲容易氧化變黑，千萬別放太久喔！

3 接著，在馬鈴薯絲上加入適量義大利香料、黑胡椒粒與1大匙奶油後，用手充分抓勻、入味，最後在馬鈴薯絲中央留下凹洞。

4 在馬鈴薯絲的中央凹洞裡，打入1顆蛋。

POINT

喜歡起司味的人，也可撒些披薩專用起司條喔！

5 烤箱以200度預熱5分鐘，放進裝有馬鈴薯蛋的烤盤，以200度烤約10分鐘，直至馬鈴薯絲金黃酥脆、蛋半熟或全熟即成。

整盤吃下肚就很有飽足感喔！

這樣料理，老饕也會愛上素！

只要去除義大利香料，「馬鈴薯窩窩太陽蛋」便是一道素食食譜，但若喜歡加點其他配料，也可斟酌放些甜椒丁、蘑菇片，再撒些披薩專用起司條烘烤即成！

Brunch 27

繽紛色彩的陽光早晨～

彩椒起司吐司蛋

📋 份量：1~2人份　🕐 所需時間：10mins　🍳 烹調器具：🍳

「時間快來不及啦！」眼看時針緊逼最後底線，但卻又想快速上菜，這時免驚啦！只要家裡有基本配備——蛋，還怕變化不出美味料理嗎？

Yes!
這類場合也入菜

✔ 宴客料理
✔ Party點心
✔ 野餐小點
✔ 貪吃下午茶
✔ 便當菜

奶蛋素

材料ingredients

★ 食材
吐司 2片
蛋 1顆

青椒 1/4顆
黃椒 1/4顆
紅椒 1/4顆

牛奶 1大匙
披薩專用起司條 適量

★ 調味料
黑胡椒粒 適量
海鹽 適量

作法How to make

1 青椒、黃椒與紅椒用清水沖洗乾淨後，去籽切丁備用。

2 取一大碗，打入一顆蛋後，倒進牛奶，均勻攪散。

3 平底鍋加熱，放少許油，倒入青椒丁、黃椒丁與紅椒丁翻炒。

4 接著，倒入作法2的牛奶蛋液，盡量使其均勻受熱。

5 用鍋鏟以順時針的方向畫圓，將牛奶蛋液與彩椒丁充分混合拌勻。

6 依個人喜好，放入適量海鹽與黑胡椒粒調味，再將彩椒炒蛋攪拌均勻。

7 放進披薩專用起司條，使其沒入食材中融化；並預留空間，放進吐司烘烤。

8 待起司牽絲後，可先起鍋盛盤；而吐司烘烤至兩面微焦後，再取出即可！

這樣料理，老饕也會愛上素！

「彩椒起司吐司蛋」為素食料理，若希望有些變化，可搭配一些素鬆或炒素肉絲食用，甚至是炸馬鈴薯塊，都是很不錯的選配喔！

漫遊義大利的家常點心～

菠菜月見披薩

📋 份量：1~2人份　🕐 所需時間：10mins　🍲 烹調器具：🍲 ✕ 🍞

「月見」有賞月之意，而運用在料理中，視覺上當然也要有一顆又圓又金黃的月亮才是，而在這道充滿義式情懷的料理中，深藏此意……

Yes!
這類場合也入菜

　宴客料理
✓　Party點心
✓　野餐小點
✓　貪吃下午茶
　便當菜

材料ingredients

★ 食材
吐司皮(一包土司的
最後一片) 2片

蛋 2顆
菠菜 1/2碗
披薩專用起司條 適量

★ 醬料
鹽 少許
番茄醬 少許

黑胡椒粒 少許
橄欖油 少許
蒜味奶油 適量

作法How to make

鍋中加水，煮滾，放入洗淨的菠菜，燙熟後撈起。

在吐司皮的白面上，用抹刀均勻塗抹蒜味奶油備用。

將蒜味吐司皮放入烤箱，以180度烤至表面金黃後，取出。

接著，在烤好的吐司皮白面上，均勻塗抹番茄醬。

取適量熟菠菜鋪在吐司上並圍成一圈，於中央打入一顆蛋，加少許鹽與黑胡椒粒。

撒上披薩專用起司條後，放進已預熱的烤箱，轉200度烘烤5~7分鐘至起司融化且微焦金黃，即可取出。

可依個人喜好，撒些橄欖油食用，或者也能直接加些黑胡椒粒調味即成。

POINT

若喜歡全熟蛋，可延長烤箱的烘烤時間喔！

這樣料理，老饕也會愛上素！

可去除醬料中的蒜味奶油，改以植物性奶油或橄欖油塗抹吐司皮的白面即可，甚至直接刷上素食烤肉醬，便成為日式口感的「菠菜月見披薩」！

蛋蛋的營養三重奏~

三蛋乾拌麵

📋 份量：1~2人份　🕐 所需時間：10mins　🧤 烹調器具：🍲 ✕ 🍳

「在上班前，吃碗麵是種奢侈嗎？」NO！只要在下鍋煮麵的同時，煎顆荷包蛋、調好醬汁，全部拌勻在一起，便是一道大推薦的家鄉美食！

Yes!
這類場合也入菜

　宴客料理
✔ Party點心
✔✔ 野餐小點
✔ 貪吃下午茶
　便當菜

材料ingredients

★ 食材
月見雞蛋麵 1把
皮蛋 1顆

鹹蛋 1顆
蛋 1顆
柴魚片 適量

蔥花 適量
★ 調味料
醬油膏 1 大匙

芝麻醬 1大匙
水 1大匙

作法How to make

1 取一碗，倒入醬油膏、芝麻醬與水後，攪拌均勻備用。

2 鍋中加水，煮滾，放入月見雞蛋麵，煮熟後，撈起瀝乾。

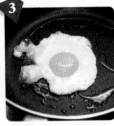

3 熱鍋，加少許油，打入蛋，煎成荷包蛋後，取出備用。

4 將皮蛋、鹹蛋剝除外殼，各對切成約六等分或八等分的小瓣狀備用。

5 可依個人喜好，在已煮好的月見雞蛋麵上，撒些適量柴魚片。

6 將荷包蛋覆蓋在麵上，淋入作法1的醬汁，並將皮蛋與鹹蛋圍繞著麵間隔擺放。

7 最後，撒些蔥花，提升整盤麵的辛香味，用筷子攪拌均勻，即可趁熱食用。

加熱前一晚的剩菜一起吃，相當豐盛！

這樣料理，老饕也會愛上素！

可去除柴魚片和蔥花等配料直接享用，或購買現成的滷豆干、素雞、百頁豆腐等小菜，一起吃營養更均衡！

元氣滿滿的香酥煎餅～

韭菜鮪魚麵糊餅

📋 份量：3~4人份　🕐 所需時間：10mins　🍳 烹調器具：🍳

想要悠閒享受早午餐並不難！只要在前一晚調好麵糊冷藏，隔天再切切韭菜。不囉嗦！香脆煎餅立即上桌。

Yes!
這類場合也入菜

- ✔ 宴客料理
- ✔ Party點心
- ✔ 野餐小點
- ✔ 貪吃下午茶
- ✔ 便當菜

材料ingredients

★ 食材
韭菜 1把
蛋 1顆

鮪魚罐頭 1罐
中筋麵粉 適量

★ 調味料
鹽 少許
白胡椒粉 少許

水 適量

作法How to make

1

韭菜用清水洗淨後，切段備用。

POINT

如果想節省時間，也可在前一晚先洗好韭菜，隔天再切即成！

2

取一碗，倒入適量中筋麵粉與水，拌勻。

POINT

水可分次倒入，其水量大約是攪拌時為稀稠麵糊感即可！

3

接著，在作法2的碗裡打入一顆蛋，加進適量白胡椒粉、鹽後，攪拌均勻成麵糊備用。

4

將韭菜段、鮪魚肉倒進麵糊，再次拌勻。

POINT

切記不可將鮪魚罐頭的湯汁一起加入麵糊！

5

平底鍋放適量油，燒熱，可用大湯勺挖一大匙作法4的麵糊放進鍋內，盡量攤平成圓餅狀。

6

煎至底部金黃後，翻面，直至麵糊微焦酥脆，即可起鍋；或者，也可加點市售的海山醬沾食喔！

這樣料理，老饕也會愛上素！

可去除韭菜、鮪魚罐頭，改以切碎的高麗菜、杏鮑菇丁或香菇丁，拌入麵糊，煎熟食用即成！

Brunch 31

三層夾心的驚喜口感~

Sunny三明治

📋 份量：1~2人份　🕐 所需時間：10mins　🧤 烹調器具：

小巧可愛的總匯三明治，不僅外型討喜，且健康營養的無負擔餐點，讓食用者更能安心享受！

Yes!
這類場合也入菜

　宴客料理
✔ Party點心
✔ 野餐小點
✔ 貪吃下午茶
　便當菜

材料ingredients

★ 食材
地瓜 150克(約1條)
吐司 8片

葡萄乾 適量
番茄 1顆
美生菜 適量

火腿片 2片

★ 調味料
沙拉醬 適量

作法How to make

1 番茄用清水沖洗乾淨後，去除蒂頭，切片備用。

2 地瓜洗淨，放入電鍋蒸熟。取出，去皮，搗成地瓜泥備用。

3 用圓形模具(或馬克杯)將吐司、火腿和洗淨美生菜壓成圓形。

4 接著，將壓好的圓形吐司，均勻塗抹適量沙拉醬。

5 首先，在圓形吐司上放一片圓形火腿片，接著再覆蓋另一片圓形吐司。

6 在第二層圓形吐司上，鋪上地瓜泥和葡萄乾，再覆蓋一片圓形吐司。

7 最後，在第三層吐司上，擺些番茄片和美生菜，再蓋上圓形吐司即成。

小朋友看到我都會大口吃完！

這樣料理，老饕也會愛上素！

可將火腿片改成素火腿片，若希望食材豐盛一些，還可加入起司片，並改成已煎熟的素肉排，吃起來相當具有飽足感喔！

許一個健康的早晨~

鮮蔬造型早餐盅

📖 份量：1~2人份　🕐 所需時間：10mins　👐 烹調器具：🍲 ✕ 🍞

Take a bread！誰說便當盒只能裝飯菜？花點心思與創意，將枯燥乏味的三明治稍作裝飾，也能讓人看得心花怒放、吃得驚聲連連！

奶蛋素

Yes!
這類場合也入菜

宴客料理
✔ Party點心
✔ 野餐小點
✔ 貪吃下午茶
便當菜

材料ingredients

★ 食材			★ 調味料
吐司 1片	黃椒 1/3顆	小番茄 2顆	番茄醬 適量
起司片 1片	紅椒 1/3顆	秋葵 2條	披薩專用起司條 適量
	蘑菇 3朵	紅蘿蔔片 適量	

作法How to make

1
黃椒、紅椒洗淨後，去籽切丁；蘑菇、秋葵洗淨後，切片，將蘑菇片放進滾水鍋中，燙熟撈起備用。小番茄洗淨備用。

2
先取出一片吐司，再擺上一片起司片，接著用花形模具下壓，使吐司與起司片能一體成型。

3
取一片鋁箔紙鋪在烤碗裡，放進吐司與起司片，並於上半部塗抹適量番茄醬，鋪上黃椒丁、紅椒丁、蘑菇片，最後撒些披薩專用起司條。

4
用抹刀或叉子沾上適量番茄醬，在起司片的下半部畫出菱格紋路後，再鋪上幾個秋葵片。

5
將烤箱以180度預熱5分鐘，放入作法4的烤碗，以180度烤至起司融化，微焦金黃後，取出，放進便當盒裡，旁邊擺上小番茄、紅蘿蔔片即成。

搭配牛奶一起食用，健康滿分！

這樣料理，老饕也會愛上素！

　　本道料理為奶蛋素者可食，若希望變化性再多一些，可煎一顆荷包蛋，甚至在烤好的吐司盅上撒些素鬆，都能使口感更有新意！

追求外酥內嫩的蔬食感～

鮮蔬火腿捲餅

份量：1~2人份　　所需時間：10mins　　烹調器具：🍳

不必埋頭苦幹揉麵團，善用現成蛋餅皮也能做出異國風料理！針對無法好好坐下來享受美食的忙碌人，帶著吃更方便！

Yes!
這類場合也入菜

　宴客料理
✔　Party點心
✔　野餐小點
✔　貪吃下午茶
　便當菜

材料 ingredients

★ 食材
全麥蛋餅皮 2片
蛋 2顆

火腿片 2片
高麗菜 適量
羅勒葉 適量

★ 調味料
鹽 適量
黑胡椒粒 適量

白芝麻 適量
帕瑪森起司粉 1小匙

作法 How to make

1 取一大碗，將高麗菜、羅勒葉用清水洗淨後，切絲，放入碗裡，再打入2顆蛋，攪拌均勻。

2 接著，加入帕瑪森起司粉，依個人口味喜好，放進適量鹽、黑胡椒粒調味，再充分攪拌均勻。

3 平底鍋放少許油燒熱，先倒進一半作法2的蔬菜蛋液，再放入切成條狀的火腿，並撒些白芝麻。

4 最後，覆蓋一片全麥蛋餅皮，用鍋鏟稍微壓一下餅皮表面，使蛋液與餅皮能緊密相黏。

5 接著，用鍋鏟稍翻餅皮邊緣，待底層蛋液微黃，即可翻面；而另一面餅皮也煎至微焦後，即可用鍋鏟捲起。

6 最後，將蛋餅切成適當入口大小，趁熱享用即成。

POINT

沾醬油膏食用，也很美味喔！

這樣料理，老饕也會愛上素！

可將火腿片改成素火腿片，或者也可替換成素鬆或素肉排等配料，甚至加片起司，還能增加濃郁鹹香的口感！

隨口挖挖蛋披薩～

蘑菇鮮蔬歐姆蛋

份量：2~3人份　　所需時間：10mins　　烹調器具：

沒有餅皮的披薩，少了高熱量，卻多了一份健康！只要利用家中的蛋，鋪上自己喜愛的食材，也能變成低卡蛋披薩！

Yes!
這類場合也入菜
- ✔ 宴客料理
- ✔ Party點心
- ✔ 野餐小點
- ✔ 貪吃下午茶
- ✔ 便當菜

材料ingredients

★ **食材**
蛋 3顆
蘑菇 4朵

黃椒 1顆
百里香 數根
小番茄 3顆

大蒜 1瓣
★ **調味料**
水 1小匙

帕瑪森起司粉 適量
黑胡椒粒 適量
鹽 適量

作法How to make

1 蘑菇、黃椒洗淨後，蘑菇切片、黃椒去籽切丁；大蒜洗淨後，去皮切末。

2 百里香用清水沖洗乾淨後，切小段；小番茄洗淨，對切成兩半備用。

3 將蛋打入碗中，加1小匙水，稍微大力拌勻，使蛋液充滿空氣，最後撒點鹽。

4 平底鍋加點油燒熱，先爆香蒜末，再下蘑菇片炒至表面濕潤後，放百里香翻炒。

5 接著，放入黃椒丁，稍微翻炒，使其充分與其他配料拌勻，最後倒入蛋液。

6 待蛋液周圍出現白邊後，擺上幾顆小番茄片，蓋上鍋蓋，以小火烘熟蛋液。

7 最後，將蘑菇鮮蔬歐姆蛋倒扣盤中，撒些黑胡椒粒、帕瑪森起司粉，即可享用。

POINT

也可在作法6時，加些披薩專用起司條，待起司融化後，牽絲口感將更像披薩！

這樣料理，老饕也會愛上素！

去除食材中的大蒜，並酌量放些玉米粒、酪梨丁、青豆等，甚至可依個人喜好切些素火腿丁來增添風味！

溫暖人心的日式好滋味～

明太子心心飯糰

份量：1~2人份　所需時間：10mins　烹調器具：🍲 ✕ 🍳

對於心愛的人依舊「愛在心裡口難開」嗎？其實，只要運用本道料理，也能輕鬆征服對方的胃，擄獲人心輕而易舉！

Yes!
這類場合也入菜

✔ 宴客料理
✔ Party點心
✔ 野餐小點
✔ 貪吃下午茶
✔ 便當菜

材料ingredients

★ 食材
明太子香腸 3根
白飯 2~3碗

蘆筍 6支
海苔肉鬆 適量

★ 醬汁
味噌 1小匙
芝麻醬 1小匙

醬油 1小匙
味醂 2小匙
蛋黃 1顆

作法How to make

蘆筍洗淨，放入滾水鍋中汆燙，撈起過冷水，切小段備用。

明太子香腸放入滾水鍋中，燙熟，撈起放涼，斜切一刀備用。

將味噌、芝麻醬、醬油、味醂、蛋黃放進碗裡，調勻備用。

取適量白飯，趁熱時，拌入海苔肉鬆與蘆筍備用。

在保鮮膜上，撒少許開水，取適當大小的作法4拌飯，放在保鮮膜上，包起來。

用手捏緊成飯糰後，將明太子香腸放在飯糰上擺成心型，並稍微下壓，加強固定。

接著，將飯糰翻面，用刷子沾些作法3的醬汁，均勻塗抹飯糰背面。

平底鍋加少許油燒熱，放入飯糰，以小火煎至金黃焦香後，正面刷上作法3醬汁，翻面煎好即成。

 這樣料理，老饕也會愛上素！

可將明太子香腸、海苔肉鬆替換成素香腸、素鬆等，甚至也可放些玉米粒、切碎燙熟的青花菜，不僅能增添色澤，營養也更為豐富！

超甜蜜的鬆軟綿密～

自製蜂蜜水果鬆餅

📋 份量：3~4人份　🕐 所需時間：10mins　🥄 烹調器具：🍳

擔心市售鬆餅含鋁會危害身體，但卻嘴饞想嘗點充滿奶蛋香的鬆嫩口感。現在不用擔心啦！只要按照下列作法，你也能自製鬆餅粉喔！

Yes!
這類場合也入菜
- ✔ 宴客料理
- ✔ Party點心
- ✔ 野餐小點
- ✔ 貪吃下午茶
　　便當菜

材料ingredients

★ 鬆餅粉

低筋麵粉 950克
(約9.5碗)

蘇打粉 2小匙

泡打粉 3大匙

糖 3大匙

鹽 1小匙

★ 食材

檸檬汁 少許

蛋白 1顆

蛋黃 1顆

牛奶 約2又1/2碗

融化奶油 1大匙

當季水果 適量

蜂蜜 適量

糖粉 少許

作法How to make

1 將低筋麵粉、蘇打粉、泡打粉、糖與鹽倒入碗中充分混合，即成「鬆餅粉」。

POINT

可裝入玻璃罐或夾鍊袋裡存放。

2 將蛋白與少許檸檬汁倒入碗中，用打蛋器一直打到蛋白硬挺，也就是「硬性發泡」後備用。

3 另取一碗，倒入蛋黃、牛奶、融化奶油和蜂蜜攪拌均勻。

4 接著，倒入作法1的鬆餅粉2.5碗，稍微拌勻，若出現小顆粒是正常現象。

5 最後，把作法2的蛋白倒入鬆餅糊裡，稍微拌勻。

6 熱鍋，不放油，開小火，倒入鬆餅糊，煎至兩面金黃即可。

7 在鬆餅上，淋入蜂蜜、撒上糖粉，擺些當季水果裝飾即成。

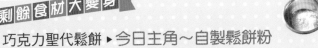

剩餘食材大變身

巧克力聖代鬆餅 ▶ 今日主角～自製鬆餅粉

作法：將作法1的鬆餅粉依上述步驟製作到作法6，接著將兩面金黃微焦的鬆餅盛盤，淋上巧克力醬，撒上杏仁粒或打碎的腰果，甚至還可挖兩球香草冰淇淋或草莓冰淇淋裝飾在旁，插上市售脆迪酥，即成為色彩繽紛、美味豐盛的「巧克力聖代鬆餅」！

在家也可享用港式茶點～

火腿西多士

📋 份量：1~2人份　🕐 所需時間：10mins　🥄 烹調器具：🍳

在香港茶餐廳最常見到的就是「西多士」！從吐司中流瀉出來的香濃起司，總讓人食指大動、回味無窮，現在不用大老遠跑到香港，也能自己烹調道地美食喔！

Yes!
這類場合也入菜

　　宴客料理
✔　Party點心
✔✔　野餐小點
✔　貪吃下午茶
　　便當菜

材料ingredients

★ 食材
吐司 4 片
蛋 2顆

火腿片 4 片
起司片 2 片

TIPS 可切幾片番茄搭配食用，口感會更酸甜清爽！

作法How to make

1 取出吐司，切掉四邊後，只留中間白吐司備用。

2 取一片去邊吐司，放上一片火腿片，再放一片起司片。

3 接著，再放一片火腿片，蓋上另一片去邊吐司備用。

4 取一大碗，打入2顆蛋，攪散均勻成蛋液備用。

5 將作法3已鋪好食材的吐司，放到蛋液裡，使其雙面充分沾滿，取出放盤中。

6 平底鍋加熱，放適量油燒熱後，將沾裹好蛋液的吐司放進鍋裡，轉小火慢煎。

7 待吐司底部煎至金黃微焦後，翻面，使另一面也煎至上色，即可盛盤。

8 用廚房紙巾吸去吐司上多餘的油後，沿對角線切開，即可趁熱享用。

這樣料理，老饕也會愛上素！

可去除火腿片、起司片，將兩片吐司抹上花生醬作為夾心，再裹上蛋液，煎至兩面微黃後，趁熱塗抹奶油、淋些煉乳，即可享用！

Brunch 38

咬下去的滿口驚喜~

起司火腿乳酪餅

份量：1~2人份　所需時間：10mins　烹調器具：

早午餐不僅要吃得豐盛，也要吃得好！偶爾用乳酪餅取代都是吐司的餐點，
將為平凡無奇的料理注入新意！

Yes!
這類場合也入菜

- ✔ 宴客料理
- ✔ Party點心
- ✔ 野餐小點
- ✔ 貪吃下午茶
  便當菜

材料ingredients

★ 食材
蛋 1顆
高鈣乳酪餅 1片
吐司 1片

火腿片 1片
起司片 1片
小黃瓜 適量

★ 抹醬
花生醬 適量

TIPS 加些番茄片，酸甜口感讓料理更顯層次！

作法How to make

1 平底鍋加熱，放少許油燒熱，下火腿片煎熟後，起鍋盛盤，留餘油備用。

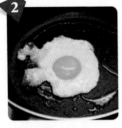

2 將鍋中餘油加熱，打入一顆蛋，煎成荷包蛋後，盛盤備用。

3 將吐司放進烤箱或烤吐司機，直至烤到兩面金黃後，取出，塗上花生醬。

POINT
我個人喜歡新竹的「福源」無顆粒花生醬，口感相當滑順香濃！

4 接著，在已經塗抹花生醬的吐司上，鋪上剛煎好的火腿片。

5 再鋪上一片起司片。

POINT
也可在起司片上撒點肉鬆喔！

6 小黃瓜用清水沖洗乾淨後，用刀切成細絲，將其鋪在作法5已擺好起司片的吐司上備用。

POINT
若不喜歡小黃瓜絲，不加也無妨！

平底鍋不放油,先開小火加熱,從冷凍庫取出高鈣乳酪餅,不用退冰,直接放進鍋裡煎。

待高鈣乳酪餅背面煎到略微金黃,且中央處稍稍膨脹隆起時,即可翻面,再煎至金黃微焦後,起鍋。

將煎好的高鈣乳酪餅上,放顆荷包蛋。

POINT

可在荷包蛋上,撒點黑胡椒粒調味!

接著,放上作法6已鋪好食材的吐司。

POINT

也可依個人喜好,淋點千島醬調味喔!

最後,將起司火腿乳酪餅對折,即可享用。

POINT

或者,在對折前,鋪一層烘焙紙再放上起司火腿乳酪餅,小心折起即成。

搭配手鐵享用,享受美味時光!

剩餘食材大變身

超easy起酥熱狗捲▶

今日主角~高鈣乳酪餅

作法:取出冷凍庫的高鈣乳酪餅,於室溫下放軟後,用刀子對切成長條狀,在每條乳酪餅上刷一層番茄醬備用;接著,取出熱狗,切半,將切半的熱狗放在刷好番茄醬的乳酪餅上,捲起,將封口朝下擺在烤盤裡後,於每個熱狗捲上都刷上蛋液,撒點白芝麻;將烤箱先以250度預熱10分鐘後,送進擺好熱狗捲的烤盤,以250度烤10~15分鐘,直至熱狗熟透、餅皮金黃即成。

這樣料理,老饕也會愛上素!

可去除掉火腿片,只夾入起司片與荷包蛋;或者,也可將玉米粒混合蛋液,煎成玉米蛋後,鋪在吐司上,夾入乳酪餅裡即成!此外,若想吃甜食者,則可先取一片吐司,兩面塗抹花生醬、再撒些烤杏仁後,放到已煎至兩面金黃微焦的乳酪餅上,對折即可食用。

在家就能做的招牌餐點～

金黃起司薯餅盒

📋 份量：1~2人份　🕐 所需時間：10mins　🧤 烹調器具：🍳

香濃可口的起司，遇上金黃酥脆的薯餅，用鮮黃蛋皮將兩者捲在一起，美味三重奏在此呈現！.

奶蛋素

Yes!
這類場合也入菜

✔ 宴客料理
✔ Party點心
✔ 野餐小點
✔ 貪吃下午茶
　便當菜

材料 ingredients

★ 食材
薯餅 2 片
蛋 2 顆
披薩專用起司條 適量

★ 調味料
番茄醬 少許
黃芥末醬 少許

TIPS
用紅椒絲裝飾料理，滿足了視覺與味覺的享受！

作法 How to make

1 取一碗，打入蛋，攪散成蛋液備用。

POINT
蛋最好用2顆以上，煎起來的蛋皮較厚，才能完美包覆薯餅。

2 平底鍋加熱，放少許油燒熱後，下薯餅，煎至兩面金黃酥脆，取出，用廚房紙巾吸取餘油備用。

3 鍋內放油燒熱，轉小火，倒入蛋液，轉動鍋子使其平均分布。

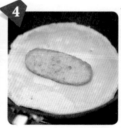

4 待蛋液快凝固成圓形蛋皮時，將已煎好、吸油後的薯餅放在蛋皮中央。

5 接著，在薯餅上方，撒些披薩專用起司條，喜歡牽絲口感者，可多加一些。

6 最後，疊上另一塊薯餅，熄火，將左右兩邊蛋皮包覆薯餅，即可起鍋。

7 在上方擠些番茄醬與黃芥末醬後即成。

剩餘食材大變身

咖哩薯餅蛋炒飯 ▶ 今日主角～薯餅

作法： 炒鍋放點油或水加熱，倒入隔夜飯炒散，接著加入市售咖哩包或咖哩塊，使飯粒充分沾滿咖哩；接著取一小碗，打入蛋，攪散成蛋液，並倒入鍋中炒散。最後，將煎好的薯餅切塊倒入鍋中、撒些蔥花，稍微拌炒即成。

替早午餐加點鈣～

爆漿起司鬆餅

📋 份量：1~2人份　　🕐 所需時間：10mins　　🧤 烹調器具：🍳

這絕對是「起司控」超愛的爆漿鬆餅！在紮實飽滿的軟嫩鬆餅中，藏匿著令人無法抵擋的黃色小惡魔，早晨吃上一口，滿溢幸福甜蜜！

奶蛋素

Yes!
這類場合也入菜

✔ 宴客料理
✔ Party點心
✔ 野餐小點
✔ 貪吃下午茶
　便當菜

材料ingredients

★ 食材

中筋麵粉 約3/4杯　　　糖 1大匙
起司片 2片　　　　　　牛奶 約3/4杯
泡打粉 1小匙　　　　　蛋 1顆

TIPS 搭配當季水果，如小番茄等一起食用，鬆餅會更加鮮美！

作法How to make

1

取一大碗，依序倒入中筋麵粉、泡打粉和糖後，充分混合均勻備用。

POINT

糖可使用白砂糖！

2

接著，打入一顆蛋，再緩緩倒入牛奶，慢慢攪拌均勻，使其充分混合。

3

切勿過度攪拌，鬆餅麵糊中有些微顆粒是正常現象。

4

取出2片起司片，用刀子對切成8小片備用。

5

將起司片放進作法3的鬆餅麵糊中，並用麵糊稍微覆蓋，但不須攪拌。

6

平底鍋放點油加熱，倒入適量麵糊，以中小火煎約20~30秒，直至底部微焦金黃。

7

翻面，再煎至金黃後，取出盛盤。

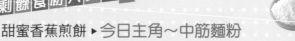

剩餘食材大變身

甜蜜香蕉煎餅 ▶ 今日主角～中筋麵粉

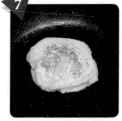

作法：取一碗，倒入4/5碗中筋麵粉、1/2杯牛奶、2大匙水、打入2顆蛋混合成麵糊，再將剝去外皮的香蕉切片後，放進麵糊裡一起拌勻，靜置10分鐘。鍋中放奶油加熱融化，倒入麵糊，厚度適中即可，以免裡面沒熟，煎至兩面金黃酥脆，起鍋盛盤，淋上蜂蜜即成。

Brunch 41

拌一拌的私房Brunch～

火腿玉米蓋飯

份量：1~2人份　　所需時間：10mins　　烹調器具：

這是一道小孩非常喜愛的料理！假如你喜歡吃粥狀食物，可在火腿玉米濃湯中倒入白飯，攪拌一下就成火腿玉米濃湯飯喔！

Yes!
這類場合也入菜

✔ 宴客料理
✔ Party點心
✔ 野餐小點
✔ 貪吃下午茶
✔ 便當菜

材料ingredients

★ **食材**
白飯 1碗
玉米粒 2大匙

火腿片 2片
蛋 1顆

★ **調味料**
番茄醬 適量
黑胡椒粒 適量

TIPS
將炒蝦仁放進拌飯裡,增加了鮮甜味!

作法How to make

1
取2片火腿片,切成小方狀;取一碗,打入蛋,攪散備用。

2
平底鍋加熱,放少許油,先下火腿片炒至香味散出。

3
接著,在鍋內加一點油後,倒入蛋液略為翻炒。

4
待蛋液半熟後,倒入玉米粒,充分炒勻後,熄火。

5
取一深盤或大碗,盛好熱騰騰的白飯。

POINT
也可換成煮熟的通心粉!

6
依個人喜好,盛起作法4已經炒好的玉米火腿蛋,並均勻地鋪在白飯上。

7
最後,淋上適量番茄醬,略撒些黑胡椒粒,即可趁熱享用。

可鋪上起司片,融化後,美味又補鈣!

這樣料理,老饕也會愛上素!

可將火腿片改成素火腿片,若喜歡配料豐富者,再加入紅蘿蔔丁,甚至最後倒進蛋液時,撒些披薩專用起司條,味道會更好!

Brunch 42

大口挖的百變麵包～

乳酪火腿麵包丁

📋 份量：1~2人份　🕐 所需時間：10mins　🍴 烹調器具： ✕

小吐司的美味變身！隨意手撕的麵包體，搭配金黃鮮嫩的火腿蛋，拉絲的乳酪口感，為這道簡單料理加分！

Yes!
這類場合也入菜

　　宴客料理
✔ Party點心
✔ 野餐小點
✔ 貪吃下午茶
　　便當菜

材料ingredients

★ 食材
小吐司 2個
火腿片 2片

蛋 3顆
披薩專用起司條 適量

★ 調味醬
美乃滋 少許
番茄醬 適量

作法How to make

1 將小吐司用手隨意撕成小塊狀,均勻地平鋪在烤盤上。

POINT
小吐司也可用厚片吐司來代替!

2 取出2片火腿片,切成小方狀後,放進碗裡,接著打入3顆蛋,用筷子充分攪拌均勻。

3 平底鍋放適量油加熱,待冒煙時,快速倒入火腿蛋液,當火腿蛋液呈半熟狀時,立刻關火。

4 將半熟的火腿蛋倒入作法1的吐司烤盤裡,用筷子稍微混合火腿蛋和吐司塊,再撒些披薩專用起司條。

5 烤箱先以180度預熱5分鐘,將鋪好食材的烤盤放進烤箱,以180度烤約10分鐘後,取出。

6 在烤好的乳酪火腿麵包丁上,依個人喜好,擠些美乃滋、番茄醬,即可趁熱享用。

這樣料理,老饕也會愛上素!

可將火腿片改成素火腿片,或者用玉米粒來取代火腿片,其玉米所蘊含的天然香甜,使乳酪火腿麵包丁更別有一番風味!

軟嫩鹹香四重奏~

起司歐姆蛋

📋 份量：1~2人份　🕐 所需時間：10mins　🥄 烹調器具：🍳

荷包蛋、煎蛋每天吃，總希望在家也能嘗到店家賣的起司歐姆蛋，現在教你簡單輕鬆做，早午餐就該有這種絕世享受！

Yes!
這類場合也入菜
- ✔ 宴客料理
- ✔ Party點心
- ✔ 野餐小點
- ✔ 貪吃下午茶
- ✔ 便當菜

材料ingredients

★ 食材
蛋 3顆
奇異果 1顆
披薩專用起司條 少許

★ 調味料
番茄醬 1大匙
高湯 30c.c.(約2大匙)
鹽 少許

作法How to make

1 取一大碗，打入3顆蛋、鹽倒入高湯後，攪拌成蛋液備用。

POINT

若不加高湯，可撒些鹽、加點水來代替！

2 平底鍋加熱，放適量油燒熱後，轉小火，倒入蛋液，並用筷子在蛋液裡迅速畫圓圈。

3 待蛋液底部稍微凝固後，鋪上披薩專用起司條，並傾斜鍋子、輕敲鍋柄，用鍋鏟將下方凝固的蛋液慢慢推堆到上方呈橢圓形狀後，起鍋。

4 取一乾淨鍋子，倒入番茄醬和適量水，開小火，慢慢攪拌至番茄醬汁起泡後，即可盛入碗裡。

5 奇異果去除外皮後，切片，並將奇異果片擺在起司歐姆蛋旁；甚至，也可放些生菜、蘋果片等。

6 最後，將剛剛製作好的作法4番茄醬汁，慢慢澆淋在起司歐姆蛋上，即可趁熱享用。

這樣料理，老饕也會愛上素！

高湯部分可選用蔬菜高湯或香菇高湯，甚至可加烤兩片吐司，搭配起司歐姆蛋享用，非常可口！

蛋夾厚片的玩味激盪~

彩蔬蛋吐司捲

📋 份量：1~2人份　🕐 所需時間：10mins　🍳 烹調器具：🍳

究竟是吐司夾蛋還是蛋夾吐司？答案是兩者皆可！料理世界變化無窮，只要一點巧思、一點創意，料理也能變得玩味有趣！

Yes!
這類場合也入菜

　宴客料理
✔ Party點心
✔ 野餐小點
✔ 貪吃下午茶
　便當菜

材料ingredients

★ 食材
厚片吐司 2片　　蛋 2顆

番茄 1顆　　火腿片 1片　　洋蔥丁 少許

青椒丁 少許　　鮮奶油 10c.c.(約2小匙)　　牛奶 90c.c.(約1/2杯)

★ 調味料
鹽 適量　　番茄醬 適量

作法How to make

1 番茄用清水沖洗乾淨後，去蒂切丁；火腿片切小塊狀備用。

2 平底鍋放少許油燒熱，倒入洋蔥丁、青椒丁、番茄丁與火腿炒熟後，盛起。

3 取一大碗，倒入牛奶、鮮奶油後，打入2顆蛋，攪拌均勻。

4 接著，加入作法2的炒熟配料，稍作攪拌後，加鹽調味。

5 取出2片厚片吐司，去掉四邊後，平均切成三段備用。

6 平底鍋放點油燒熱，倒入適量作法4的蛋液後，放上一塊厚片，以中小火煎製。

7 待表面蛋液稍稍成形後，以鍋鏟輕鏟凝固的蛋皮來包覆厚片吐司。

8 接著，將蛋皮厚片吐司翻面加熱，使蛋液徹底黏住後盛盤，加點番茄醬享用即成。

這樣料理，老饕也會愛上素！

可去除掉洋蔥，並將火腿換成素火腿，甚至可在蛋液裡加入切碎的蘑菇丁、玉米粒，或撒些披薩專用起司條都很對味喔！

Part 3

零麻煩！在家也能 享用皇帝般的早午餐饗宴

吃一餐也能飽到下午？！若是中午沒時間吃飯，不妨早上就享用豐盛、澎派又飽足的餐點吧！即便少吃一餐，也能讓你維持體力、營養均衡喔！

計量單位

🥄 1 大匙 = 15 公克 = 3 小匙（亦可用一般湯匙來代替）

🥄 1 小匙 = 5 公克

🍚 1 碗 = 250 公克

🥤 1 杯 = 180c.c.

白醬雞肉燉蔬菜(P.132)

花苞培根蛋(P.118)

韓式部隊鍋(P.144)

唇齒間的啪滋啪滋～

香酥魚卵三明治

份量：1~2人份　　所需時間：15mins　　烹調器具：

一口咬下三明治的那一剎那，香酥吐司融合了在口中瞬間噴發的魚包蛋，香濃的金黃起司，讓我們的口中盡是滿足與驚喜！

Yes!
這類場合也入菜

宴客料理
✔ Party點心
✔ 野餐小點
✔ 貪吃下午茶
便當菜

材料ingredients

★ 食材　　　美生菜 適量　　★ 魚卵沙拉　　　　紅、黃甜椒 20克
魚包蛋 2顆　　全麥吐司 2片　　明太子 2小匙　　　（約1/3顆）
起司片 1片　　　　　　　　　西洋芹 20克(約1支)　沙拉醬 60克(約1/4碗)

作法How to make

1. 鍋中加水煮滾，放入魚包蛋煮熟後，取出，切半備用。

2. 將洗淨的西洋芹，紅、黃甜椒燙熟後，撈出冰鎮，瀝乾後切碎。

3. 將明太子、西洋芹末與紅、黃甜椒末放進碗裡，加入沙拉醬拌勻成魚卵沙拉。

4. 將全麥吐司放進烤箱，直至烤到表面金黃微焦後，取出。

5. 取一片剛烤好的全麥吐司，將已沖洗乾淨的美生菜瀝乾後，鋪在吐司上。

6. 接著，挖些魚卵沙拉均勻塗抹在美生菜上，最後擺上對切的魚包蛋。

7. 取一片起司片，用刀對切成兩半後，擺到魚包蛋上。

8. 蓋上另一片全麥吐司，切成兩等分後，即可享用。

這樣料理，老饕也會愛上素！

去除明太子、魚包蛋等食材，將蒸熟的馬鈴薯搗碎後與西洋芹，以及紅、黃甜椒和沙拉醬拌勻成薯泥沙拉，而魚包蛋則換成素魚卵捲即可！

Brunch 46

帶著飯糰出走吧～

青蔬火腿一口飯糰

份量：1~2人份 　所需時間：15mins 　烹調器具：🍳 × 🍲

呷粗飽的飯糰，只要花點巧思、變化食材內容物，也能搖身一變成為小巧可愛的精美小食，就算再忙的上班族，也能快速上餐！

Yes!
這類場合也入菜

✔ 宴客料理
✔ Party點心
✔ 野餐小點
✔ 貪吃下午茶
✔ 便當菜

材料 ingredients

★ 食材
白飯 1碗
青花菜 30克(約1/3碗)

切丁火腿 2大匙
起司片 1片

★ 調味料
麻油 1大匙
鹽 1/4小匙

作法 How to make

1 將切丁火腿放進平底鍋裡乾炒，撈出。

POINT

火腿因含有脂肪，故乾炒後會釋出油脂，使口感更為清爽。

2 鍋中加水煮滾，放入洗淨的青花菜後，撒點鹽以去除菜裡的雜質及腥味，稍微汆燙後撈出，切碎備用。

3 取出一片起司片，用刀子切成小方狀備用。

POINT

若有海苔也可一起切成小片狀，作為餡料。

4 在熱騰騰的白飯裡，加入火腿丁、青花菜末與起司片後，放進麻油、鹽拌勻。

5 將拌好的白飯放進模型裡，稍壓一下，倒扣盤中，即成為一口大小的飯糰。若沒有模型，也可捏成小飯糰食用！

吃一口小飯糰，比較不容易胖喔！

這樣料理，老饕也會愛上素！

可將火腿改成素火腿，甚至也可摻入素鬆、切碎的滷豆干、滷蛋丁等，讓配料更為豐盛！

健康就從一早開始～

培根南瓜捲心

📋 份量：3~4人份　🕐 所需時間：15mins　🧤 烹調器具： ✕

想傳遞給家人、朋友最美味的健康，就由鬆軟香甜的pancake接手吧！培根捲裡的南瓜葡萄乾泥，以及幸福甜滋滋的鬆餅，讓你美好的一天由此展開！

Yes!
這類場合也入菜

- ✔ 宴客料理
- ✔ Party點心
- ✔ 野餐小點
- ✔ 貪吃下午茶
- 便當菜

材料 ingredients

★ 食材
培根 3片
蛋 1顆

奶油 1小塊
牛奶 適量
南瓜塊 200克(約1碗)

葡萄乾 20克(約4小匙)
鬆餅粉 150克
(約1又1/2碗)

★ 沾醬
原味軟質起司 適量

作法 How to make

1 取一大碗，將蛋打進碗裡，用打蛋器或筷子攪散成蛋液。

2 將鬆餅粉倒進大碗裡，加入牛奶及蛋液調成麵糊後，靜置一段時間。

3 將南瓜塊放進電鍋蒸熟，取出撒入葡萄乾拌勻。若加進美乃滋，口感會更滑順！

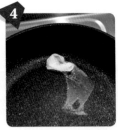

4 平底鍋開小火加熱，放進一小塊奶油融化，使其均勻沾滿鍋底。

5 倒入鬆餅糊，蓋上鍋蓋，轉中小火煮熟，待表面起泡時翻面再煎一下，即可盛盤。

6 平底鍋加熱，將培根平鋪在鍋底，待兩面煎至金黃微焦後，取出。

7 挖一勺作法3的南瓜葡萄乾泥，均勻塗抹在剛煎好的鬆餅上。

8 將鬆餅對折，外層裹上培根後捲起來，用牙籤固定，最後淋上原味軟質起司即成。

這樣料理，老饕也會愛上素！

可去除掉食材中的培根，改成素火腿片煎熟後，連同對折的鬆餅捲起來；或者，直接煎一塊素肉排，搭配食用！

Brunch 48

一餐就吃飽的朝日食堂~

珍豬米漢堡

📋 份量：1~2人份　🕐 所需時間：20mins　🍳 烹調器具：🍳

一成不變的餐點難以抓住家人的胃，化日常烹飪為廚房閒趣吧！將熱騰騰的白飯夾上漢堡排，煎至金黃微焦，香酥脆的口感令人難以招架！

Yes!
這類場合也入菜
- ✔ 宴客料理
- ✔ Party點心
- ✔ 野餐小點
- ✔ 貪吃下午茶
- 便當菜

材料 ingredients

★ 食材		★ 漢堡排	
吐司邊 4~5條	味醂 1大匙	高麗菜 50克(約1/2碗)	香油 1小匙
白飯 1碗	醬油 1/2大匙	豬絞肉 100克(約1碗)	蛋液 1小匙
海苔 1大片	白胡椒粉 適量	醬油 1大匙	糖 1/3小匙
蛋黃 1顆	黑胡椒粒 少許	米酒 1小匙	白胡椒粉 適量
	番茄醬 少許		

作法 How to make

1 高麗菜用清水沖洗乾淨後，瀝乾，切成碎末備用。

2 將上述「漢堡排」裡的食材全部放進大碗裡，充分攪拌均勻。

3 取出肉餡，反覆輕甩到砧板上，使其出現黏性，再取適量肉餡壓扁成漢堡排備用。

4 取出海苔和吐司邊，分別切碎，放進大碗裡，使其混合均勻。

5 將作法4的食材倒入白飯，並放進蛋黃、味醂、1/2大匙醬油與白胡椒粉後，拌勻。

6 當拌到飯粒有點黏度時，雙手沾點水，取出適量作法5的拌飯捏成圓扁米堡狀。

7 熱鍋加適量油，放入米堡與漢堡排，以中小火慢煎至兩面金黃微焦後，盛盤。

8 取一片米堡，放上漢堡排，撒些黑胡椒粒和適量番茄醬，再蓋上一片米堡即成。

這樣料理，老饕也會愛上素！

漢堡排可改成素食作法，首先將切片杏鮑菇炒到水乾，放涼；接著將杏鮑菇切丁放進碗裡，再加入麥片、麵包粉、起司條、捏碎板豆腐、鹽、白胡椒粉拌勻，打入1顆蛋再攪拌，放約半小時入味後，捏成圓餅煎熟即可！

迷你版的培根蛋吐司～

花苞培根蛋

📋 份量：2~3人份　🕐 所需時間：25mins　🍽 烹調器具：🍳 ✕ 🍞

療癒系料理喚醒心中的快樂小天使，「花苞培根蛋」不僅賞心悅目，吃一口，更讓人無法停手！

Yes!
這類場合也入菜

✔ 宴客料理
✔ Party點心
✔ 野餐小點
✔ 貪吃下午茶
　便當菜

材料ingredients

★ 食材
培根 4條
吐司 4片

蛋 4顆
披薩專用起司條 適量

★ 調味料
鹽 適量
黑胡椒粒 適量

作法How to make

1 將吐司用圓形器具下壓成2片圓狀，並鋪在已刷了油的圓形模具裡。

2 熱鍋，放進培根，以中火乾煎，不需太熟但要有點焦香，外觀彎曲且不要斷掉。

3 接著，將煎好的培根沿著作法1的吐司模具繞一圈。

4 依個人喜好，在培根吐司烤模裡，撒上適量披薩專用起司條。

5 接著，分別在培根吐司模具裡打進一顆蛋，撒上適量鹽、黑胡椒粒。

6 烤箱以200度預熱5分鐘後，將培根吐司模具放進烤箱，以200度烤約10~15分鐘。

7 直至烤到蛋黃稍微凝固，切開時，蛋黃會流瀉出來，即可取出。

POINT

若喜歡蛋黃熟一點，可再延長烘烤時間！

這樣料理，老饕也會愛上素！

可將培根改成素培根，並且不用煎過，直接在兩面塗上一點素烤肉醬後，放在吐司模具裡，送進烤箱，直至素培根入味即成！

貴婦最愛的濃郁奶蛋香~

英式火腿起司scone

📋 份量：3~4人份　🕐 所需時間：40mins　🔔 烹調器具：

口感紮實酥軟的英式司康，咬下的每一口都是滿足，唯有淺嘗一口，才能了解火腿與司康原來這麼合拍！

Yes!
這類場合也入菜

- ✔ 宴客料理
- ✔ Party點心
- ✔ 野餐小點
- ✔ 貪吃下午茶
- 便當菜

材料 ingredients

★ 食材

中筋麵粉 2杯　　泡打粉 1大匙　　火腿丁 2/3杯　　蛋黃液 1顆量

糖 1/3杯　　　　鹽 1/4小匙　　　起司丁 1/3杯

　　　　　　　　鮮奶油 約1又1/3杯　蔥 適量

作法 How to make

1

將中筋麵粉、糖、泡打粉和鹽倒入大碗裡，混合均勻，再加進鮮奶油，攪拌均勻。

2

接著，將蔥用清水沖洗乾淨後，切碎，連同火腿丁與起司丁倒進作法1的大碗裡，使其充分拌勻。

3

在砧板上撒點麵粉，取適量麵團揉捏成3cm高的扁圓狀麵團。

POINT

麵團不要揉捏超過20次，否則口感會變差！

4

將揉好的扁圓狀麵團，放進烤盤，並用刀子切成六等分，在麵團表面均勻刷上蛋黃液，且務必每一處都要沾到。

5

烤箱以205度預熱5分鐘，將刷上蛋黃液的麵團放進烤箱烤20分鐘；取出後，放涼即可食用，若是直接熱熱吃也很不錯！

配上一杯英國泰勒紅茶，早午餐頓時高貴不少！

這樣料理，老饕也會愛上素！

　　可去除食材中的蔥，並將火腿改成聖女小番茄，將其切丁後，連同起司丁與麵團混合，再揉成圓餅狀，送進烤箱烘烤即成！

西班牙平民節慶的料理～

西班牙海鮮燉飯

📖 份量：1~2人份　🕐 所需時間：40mins　🥄 烹調器具：🍳

西班牙海鮮燉飯的西班牙文為「paella」，是當地的平民節慶料理，通常會與親友一起享用。金黃濕潤的飯粒上，鋪滿色彩鮮豔的海鮮，吸睛又誘人！

私房
推薦

Yes!
這類場合也入菜

✔ 宴客料理
✔ Party點心
✔ 野餐小點
　 貪吃下午茶
✔ 便當菜

材料 ingredients

★ 食材

白米 1杯	蛤蠣 4個
番紅花蕊 4根	花枝 1/2條
蝦子 2條	淡菜 4個

★ 調味料

高湯塊 1塊
蒜末 1小匙
洋蔥末 3大匙

白酒 適量
鹽 少許

作法 How to make

1 淡菜、蛤蠣浸泡在鹽水裡吐沙，洗淨；蝦子、花枝洗淨，去除花枝內臟，切成圓圈狀備用。

2 平底鍋開中小火，放點油燒熱後，平鋪蝦子在鍋底，直至煎出香味。

3 放進蛤蠣、花枝圈，倒點白酒燜煮，直至蛤蠣全開後，取出蝦子、蛤蠣、花枝圈，留下湯汁。

4 另起一鍋放入淡菜，加1又1/5碗熱水、高湯塊、番紅花蕊燜煮約2分鐘後，取出淡菜，留下高湯。

5 將作法3和作法4的高湯充分混合，稍微攪拌一下備用。

6 平底鍋開中小火，放點油燒熱後，倒進蒜末、洋蔥末後，撒點鹽，炒軟。

7 將洗淨的白米平鋪在鍋底，分次加入作法5的高湯，讓米粒慢慢吸收。

8 待湯汁收乾後，將蝦子、蛤蠣、花枝圈、淡菜鋪回飯上，蓋上鍋蓋燜煮一下即成。

這樣料理，老饕也會愛上素！

去除蝦子、蛤蠣、花枝、淡菜、蒜末、洋蔥末，在鍋裡加入杏鮑菇片、蘑菇、小番茄塊、番紅花蕊、白酒與鹽，並換成素高湯塊熬煮湯汁，最後加入白米熬煮，再鋪上甜椒絲即成！

念念不忘的英式好味道～

啤酒炸魚馬鈴薯

📋 份量：2~3人份　🕐 所需時間：25mins　🍴 烹調器具：🍳

這道啤酒炸魚馬鈴薯發源於英國，香嫩多汁的魚片裹著金黃酥脆的麵衣，沾著少了油膩、多了清爽的塔塔醬，一口咬下，怎不令人回味無窮！

Yes!
這類場合也入菜

- ✔ 宴客料理
- ✔ Party點心
- ✔ 野餐小點
- ✔ 貪吃下午茶
- ✔ 便當菜

材料ingredients

★ 食材
魚片 500克(約1片)
馬鈴薯 1.5顆
低筋麵粉 約1/2杯
★ 脆皮啤酒麵衣

低筋麵粉 約1杯
蘇打粉 1/2小匙
檸檬汁 1/4顆量
鹽 適量
黑胡椒粒 適量

啤酒 330c.c.(約1罐)
★ 塔塔醬
水煮蛋 1顆
美乃滋 100克(約1/2碗)
洋蔥末 1/4顆

酸黃瓜末 1小條
檸檬汁 1大匙
★ 調味料
鹽 少許
黑胡椒粒 少許

作法How to make

1

魚片(可用鮭魚或龍利魚等肉質細嫩的魚)切適當大小；馬鈴薯洗淨，帶皮直接切成小塊狀。

2

將1/2杯低筋麵粉倒入碗裡，放進魚片使兩面都裹上麵粉，這是為了防止魚片不會因後續的油炸而使麵衣脫落。

3

取一大碗，混合「脆皮啤酒麵衣」裡的低筋麵粉、蘇打粉、鹽、黑胡椒粒。

POINT

可先用筷子或打蛋器將作法3脆皮啤酒麵衣的乾性粉料稍微混合均勻。

4

接著，再慢慢倒入啤酒。

POINT

不可使用水果口味的啤酒！

5

持續攪拌到麵糊呈濃稠、無顆粒狀後，再加入1/4顆的檸檬汁，直至充分混合成啤酒麵糊。

6

將沾裹了麵粉的魚片，放進啤酒麵糊裡，使其兩面都能均勻沾上。

POINT

將魚片沾裹啤酒麵糊時，可先熱油鍋，以節省烹調時間。

將沾裹啤酒麵糊的魚片放到油鍋裡,炸到兩面金黃。

POINT

可依魚片厚度調整油炸時間,約5~10分鐘不等。

取一瓷盤,鋪上廚房紙巾,將剛炸好的魚片放在紙巾上,並覆蓋一張廚房紙巾,使其盡量吸乾兩面油脂。

接著,將剛炸完魚片的油繼續加熱,下馬鈴薯塊,約炸5~6分鐘,直至馬鈴薯塊外表呈現金黃微焦後,起鍋。

取一大碗,同樣鋪上廚房紙巾,放進剛炸好的馬鈴薯塊以吸乾餘油,最後再撒上鹽和黑胡椒粒調味。

接下來,開始製作塔塔醬。首先,將水煮蛋切丁放入碗裡,加入洋蔥末、酸黃瓜末、檸檬汁與美乃滋,攪拌均勻即成。

將吸乾餘油的炸魚片、馬鈴薯塊放入盤中,沾點剛做好的塔塔醬食用即成。或者,也可換成番茄醬、黃芥末醬等,口感酸甜較清爽!

COOking 有訣竅

Q. 若不用一般鍋子油炸,而是使用油炸機的話,該如何調整料理魚片和馬鈴薯塊的時間呢?

Ans. 若是油炸魚片,須調整到160度,依魚片的厚薄,約炸6~10分鐘至金黃酥脆即可起鍋;若是馬鈴薯塊,則應調整到190度,約炸5~7分鐘至表皮微焦即成。

若要油炸食物,我可是非常方便喔!

這樣料理,老饕也會愛上素!

先將素魚片浸入素高湯裡,取出後,裹上低筋麵粉,再浸入上述的啤酒麵糊裡,直接下鍋油炸至金黃色後,起鍋。接著,開始製作素塔塔醬,將酸黃瓜末、芹菜末、水煮蛋末、美乃滋、檸檬汁充分混合後,撒點白胡椒鹽,拌勻即成。

Brunch 53

香酥麵衣下的驚喜～

金黃酥脆夾心蛋佐吐司

📋 份量：1~2人份　⏱ 所需時間：35mins　🍴 烹調器具： × × 🍞

金黃酥脆夾心蛋其實就是英式食物的蘇格蘭蛋（Scotch eggs），常被作為野餐點心！通常會放涼一段時間後再吃，搭配沙拉或吐司都很美味喔！

Yes!
這類場合也入菜

✔ 宴客料理
✔ Party點心
✔ 野餐小點
✔ 貪吃下午茶
✔ 便當菜

材料ingredients

★ 食材
吐司 4 片
蛋 3 顆
水 1 大匙
美生菜 適量

豬絞肉 150 克(約3/5碗)
麵包粉 2/3 杯
義大利香料 1 大匙

★ 調味料
黑胡椒粒 少許
鹽 適量
檸檬汁 1/4 顆量

作法How to make

1
先將 2 顆蛋放入鍋中，注入適量水，須淹沒 2 顆蛋，開火煮至沸騰。

2
熄火，蓋上鍋蓋，用餘溫燜15分鐘。

POINT
若喜歡蛋黃為半凝固狀，可燜約6分鐘。

3
取出水煮蛋，先放進冰水冷卻後，再剝去蛋殼，接著放入冰水裡浸泡。

POINT
在浸泡的冰水中加點鹽，可讓蛋稍有鹹味。

4
取一大碗，放進豬絞肉後，再倒入義大利香料，並依個人口味喜好放些鹽。

5
接著，以同一方向拌勻絞肉至有黏性且稍微牽絲後，將絞肉放進冰箱冷藏約10~15分鐘。

6
取出剛剛浸泡在冰水裡的水煮蛋，並以廚房紙巾確實擦乾水分。

POINT
一定要擦乾蛋周圍的水分，以免下鍋油炸時，裹在蛋上的絞肉會散開。

7

取出絞肉，分成兩份搓成圓球狀，放在手心上稍稍壓扁，並在中央壓出淺淺的凹洞後，放進水煮蛋包起來。

8

在盤子上刷一層薄薄的油，放進包好絞肉的蛋，置於冷凍庫約10分鐘。

POINT

應盡量讓包覆蛋的絞肉厚度均勻。

9

取一小碗，將剩餘的一顆蛋打散，加點鹽和黑胡椒粒調味，再加入1大匙水，取出冷凍庫的蛋，裹上剛調好的蛋液。

10

接著，將沾了蛋液的絞肉蛋再裹上麵包粉，並重複一次沾裹蛋液與麵包粉的步驟後，將裹好麵衣的蛋送進冰箱冷藏10分鐘。

11

起油鍋，溫度約在180度左右，取出冰箱裡的蛋放入油鍋，約炸5分鐘至色澤金黃後，撈起，瀝油備用。

POINT

如果無法測量油溫，可先放點麵包粉，假使麵包粉浮起且幾秒鐘內變金黃色、有小泡泡，代表已可油炸！

12

接下來，再將油溫燒熱一些，把剛炸好的蛋放回鍋中，約炸1~2分鐘至外表酥脆金黃，即可取出瀝油、切半，再擠點檸檬汁即成蘇格蘭夾心蛋。

POINT

加點檸檬汁可讓蛋不會吃起來太油膩！

13

最後，將吐司放入烤箱或烤吐司機裡，烤至兩面金黃後，盛盤，再鋪上幾片美生菜與蘇格蘭夾心蛋一起食用即成。

POINT

除了搭配吐司之外，也可與凱薩沙拉、當季水果等一起享用喔！

吃飯的當下，就是最美味的「食刻」！

這樣料理，老饕也會愛上素！

　　素食者可將此道做成「馬鈴薯鑲蛋」，首先將水煮蛋切半，挖出蛋黃後，將蛋黃搗碎與馬鈴薯泥、沙拉醬、鹽、黑胡椒粒拌勻，再撒些七味粉，將拌好的薯泥放進袋子中，剪一角，擠入蛋白殼裡即成。

舌尖上彈跳的海鮮～

香脆海鮮煎餅

📋 份量：3~4人份　⏱ 所需時間：20mins　🍳 烹調器具：🥄

絲瓜的甜與透抽、蝦仁的鮮，是絕妙的海陸搭配，毫無違和感的組合，讓煎餅更顯香脆不膩！

Yes!
這類場合也入菜

- ✔ 宴客料理
- ✔✔ Party點心
- ✔ 野餐小點
- 　貪吃下午茶
- ✔ 便當菜

材料 ingredients

★ 食材
絲瓜 1/2條
蔥花 2支量

透抽 1條
蝦仁 適量
中筋麵粉 4大匙

蛋 2顆
水 1杯

★ 調味料
鹽 適量
黑胡椒粒 適量

作法 How to make

1

絲瓜用清水沖洗乾淨後，削去外皮，切絲備用。

2

透抽洗淨，去除內臟，切成圓圈狀；蝦仁洗淨後，去掉腸泥備用。

3

將絲瓜絲、蔥花、蛋、中筋麵粉、水、鹽和黑胡椒粒放入碗裡，拌勻成麵糊。

4

平底鍋加少許油，燒熱後，倒入剛調好的麵糊，鋪平。

5

將透抽、蝦仁平均地放在麵糊上，並用鍋鏟稍微壓入麵糊裡，使其與麵糊融合。

6

待底部的麵糊煎到定型且微黃後，將煎餅翻面，以小火續煎。

7

直至煎到麵糊內部與海鮮熟透，表面金黃微焦後，即可盛盤。

POINT

加點海山醬一起吃，其甜鹹口感更能讓人多吃幾口！

這樣料理，老饕也會愛上素！

可去除食材中的蔥花、透抽與蝦仁，並替換成切絲的高麗菜、紅蘿蔔、鴻喜菇，連同切段的蘆筍放進麵糊裡拌勻，以中小火煎至兩面金黃即成。

Brunch 55

一菜三吃的超省佳餚～

白醬雞肉燉蔬菜

份量：2~3人份　所需時間：25mins　烹調器具： × ×

天氣轉冷時，來點熱呼呼的濃稠燉品，最能溫暖人心！天然的蔬菜香甜、奶香味的鮮嫩雞肉，無論是單吃、沾食都能立刻完食！

Yes!
這類場合也入菜

✔ 宴客料理
✔ Party點心
✔ 野餐小點
　 貪吃下午茶
✔ 便當菜

材料ingredients

★ 食材
馬鈴薯 1顆
紅蘿蔔 1/2根
洋蔥條 1/2顆量

青花菜 1/4顆
市售白醬 3大匙
去骨雞腿肉 150克
(約1.5碗)

吐司 2片
牛奶 少許

★ 調味料
高湯粉 少許
黑胡椒粒 少許
帕瑪森起司粉 少許

作法How to make

1
將去骨雞腿肉用清水沖洗乾淨後，切成適當塊狀備用。

2
紅蘿蔔、馬鈴薯洗淨去皮，切適當大小；青花菜洗淨，切小朵備用。

3
鍋中加水煮滾，撒點鹽，放進青花菜稍微汆燙後，撈出，用冷水沖涼。

4
平底鍋加熱，不放油，將帶皮那面的雞腿肉朝下，稍微快速略煎。

5
接著，下洋蔥條、馬鈴薯塊、紅蘿蔔塊一起拌炒，加適量水煮開，轉小火燉煮。

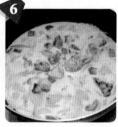

6
待上述食材煮軟後，放白醬、高湯粉、起司粉、黑胡椒粒、牛奶，再繼續燉煮。

7
最後，放進已用冷水沖涼的青花菜，稍微加熱一下，即可起鍋盛碗。

8
將吐司放進烤箱或烤吐司機，烤至表面金黃後，取出，沾食白醬雞肉燉蔬菜即成。

這樣料理，老饕也會愛上素！

可去除掉食材中的洋蔥、去骨雞腿肉，將白醬替換成素白醬，高湯粉則選素食專用，並改以杏鮑菇塊、蘑菇、白菜燉煮即成。

水餃皮的另類妙用～

平底鍋瑪格莉特披薩

📖 份量：2~3人份　🕐 所需時間：20mins　🥄 烹調器具：🍳

水餃皮除了能包肉餡外，還能變化出大人小孩都愛的薄皮披薩！最重要的
是，即便沒有烤箱，只要具備平底鍋，也能做出香脆可口的瑪格莉特喔！

Yes!
這類場合也入菜

✔ 宴客料理
✔ Party點心
✔ 野餐小點
✔ 貪吃下午茶
　便當菜

材料 ingredients

★ 食材
水餃皮 10片
市售披薩醬 1大匙
聖女小番茄 3顆

洋蔥 適量
鳳梨片 適量
青椒 1/3顆
水 50c.c.(約1/5碗)

披薩專用起司條 適量

★ 調味料
鹽 少許
黑胡椒粒 少許

作法 How to make

1 聖女小番茄洗淨，切片；洋蔥洗淨，削去外皮，切絲備用。

2 青椒用清水沖洗乾淨後，去除籽，切成圓圈狀備用。

3 接著，在平底鍋中放適量油後，將水餃皮鋪疊鍋底。

4 取適量披薩醬倒入水餃皮上，並用湯匙背面均勻塗抹。

5 鋪上小番茄片、鳳梨片、洋蔥絲與青椒後，撒些披薩專用起司條。

6 將平底鍋放到瓦斯爐上，開中火，約2分鐘後，會聽到鍋裡發出啪滋啪滋聲。

7 接著，沿鍋緣加入約1/5碗的水進去，蓋上鍋蓋，燜約7分鐘。

8 最後，打開鍋蓋，撒點鹽、黑胡椒粒，再蓋上鍋蓋，燜約3分鐘，待水分收乾即可起鍋。

這樣料理，老饕也會愛上素！

可去除食材中的洋蔥，披薩醬則改成番茄醬，並在水餃皮上放進汆燙好的杏鮑菇片、蘑菇、青花菜等，最後鋪些九層塔，燜烤至食材熟透即成。

料多滿滿一定飽~

日式廣島燒

 份量：1~2人份　　所需時間：20mins　　烹調器具：🍲 ✕ 🍳

日式廣島燒的酥脆外皮融合了炒麵，使整道料理更富層次感，入口的當下，彷彿身在飄落的片片櫻花林中呢！

Yes!
這類場合也入菜

- ✔ 宴客料理
- ✔ Party點心
- 　野餐小點
- 　貪吃下午茶
- 　便當菜

材料 ingredients

★ 食材	透抽 1/3條	豆芽菜 適量	美乃滋 適量
蔥 1支	市售細麵 100克(1把)	中筋麵粉 2大匙	柴魚片 適量
蛋 1顆	五花肉片 3片	★ 調味料	海苔粉 適量
蝦仁 5隻	高麗菜絲 適量	烤肉醬 3大匙	

作法 How to make

1 鍋中加水，煮滾，放進細麵，燙熟後，撈起備用。

2 透抽洗淨後，切成圓環狀；蝦仁洗淨，去除腸泥；蔥洗淨，切成蔥花備用。

3 取一大碗，倒入中筋麵粉，加適量水，調成如同優格般的稀稠麵糊。

4 接著，放進高麗菜絲、豆芽菜、蝦仁、透抽、蔥花、熟細麵後，打入蛋，拌勻。

5 平底鍋加熱，放進五花肉片，開小火，煎出油脂。

6 接著，倒入作法4的麵糊，以小火煎至定型，翻面，再煎熟另一面。

7 最後，將煎餅再翻一次，把有五花肉片的那面煎至酥香。

8 起鍋，在煎餅上均勻刷點烤肉醬、擠點美乃滋，撒些柴魚片與海苔粉即成。

這樣料理，老饕也會愛上素！

可去除掉食材中的蔥、蝦仁、透抽、五花肉片與柴魚片，並將烤肉醬換成素烤肉醬，甚至可在配料中，加些炒過的杏鮑菇末、紅蘿蔔絲等，讓即便是素食的廣島燒，也能吃得很澎湃。

最有感的瘋狂扒飯料理～

烏魚子醬燒炒飯

📋 份量：1-2人份　⏱ 所需時間：30mins　🍽 烹調器具：🥄

在一般炒飯中，加入微甜的壽喜燒醬，那撲鼻而來的鹹甜香味，是一種難以言喻的小確幸！

Yes!
這類場合也入菜

✔ 宴客料理
　Party點心
✔ 野餐小點
　貪吃下午茶
✔ 便當菜

材料 ingredients

★ **食材**
烏魚子 1/4片
白飯 1碗
洋蔥 1/2顆
大蒜 3瓣

高粱酒 適量
紅蘿蔔 1根
西洋芹 2支
水 1/5碗

★ **調味料**
麻油 1小匙
壽喜燒醬 3大匙

作法 How to make

1
洋蔥、紅蘿蔔、西洋芹、大蒜洗淨，洋蔥去皮切末，紅蘿蔔切塊，西洋芹切小段，大蒜去皮切末備用。

2
將烏魚子放入平底鍋中，倒入適量高粱酒，其高度以淹沒烏魚子為準。

3
轉小火，讓烏魚子在高粱酒中稍微煎煮一段時間，並且中途需翻面。

POINT
必須一直加熱到高粱酒蒸發，且燒乾為止。

4
接下來，在平底鍋中放1小匙麻油，稍微煎過烏魚子的兩面，待香氣散出後，盛盤備用。

5
平底鍋洗乾淨後，加熱，倒入2大匙油，放入洋蔥末及蒜末爆香。

6
接著，放進紅蘿蔔塊、西洋芹略炒，並確保每一塊紅蘿蔔都有沾到油。

POINT
紅蘿蔔最好的烹調方式是用油炒，開小火可使其中的胡蘿蔔素溶於油脂中。

7

翻炒一下食材後,加1/5碗水到平底鍋中,繼續煮至水分收乾。

POINT

加點水烹煮,可讓食材更為軟嫩!

8

待平底鍋裡的水分完全燒乾後,馬上放進白飯,並加入壽喜燒醬,充分炒勻。

POINT

壽喜燒醬可依個人口味調整用量。

9

用鍋鏟盡量翻炒白飯,使每顆飯粒都能完整上色,並讓食材與飯充分混合後,即可起鍋,盛碗。

10

準備一個磨泥器,將作法4已處理好的烏魚子,在磨泥器上來回磨碎,使其成為烏魚子末備用。

11

最後,將磨好的烏魚子末撒在壽喜燒炒飯上即成。

POINT

也可擠入適量美乃滋、撒些海苔絲一起食用,味道會更香濃!

Normal炒飯中的奢華享受!

COOking 有訣竅

Q. 市面上銷售的烏魚子百百款,究竟要如何挑選才是最正確的呢?

Ans. 選購烏魚子應掌握4項訣竅——「觀、聞、摸、嘗」。首先,觀察外型應左右完整、厚度與大小勻稱,放在燈光下呈透光橘紅色,而無黑色斑點或血絲者;試聞烏魚子,若散發藥香味,而沒有魚腥或油耗味者為良品;觸摸時,應軟硬、含水量適中,且下壓時不留指痕;最後,可試吃烏魚子,應以有嚼感、香Q、味道甘醇者為佳。

這樣料理,老饕也會愛上素!

可去除洋蔥、大蒜、高粱酒等食材,烏魚子則以煎熟的素烏魚子代替,而壽喜燒醬則可自行調料,將200c.c.日式醬油、100c.c.水、100c.c.米酒與50c.c.味醂充分混合後,即成為素壽喜燒醬。此外,在炒飯時可加入打散的蛋液、高麗菜絲、香菇絲、洋菇等,讓配料更多樣化。

小家吹起印度風~

咖哩豬麵疙瘩

📋 份量:4~5人份　🕐 所需時間:30mins　🔔 烹調器具:

麵疙瘩是內地的一種北方麵食,將湯頭替換成印度風味的咖哩高湯,咀嚼那吸飽湯汁的不規則麵團,口感溫潤醇厚且香氣濃郁!

Yes!
這類場合也入菜

- ✔ 宴客料理
- Party點心
- 野餐小點
- 貪吃下午茶
- ✔ 便當菜

材料 ingredients

★ 食材
豬里肌肉片 4 片
紅蘿蔔 1/4 根
乾香菇 5 朵
高麗菜 1/3 顆

芹菜 1 支
香菜 適量

★ 麵團
中筋麵粉 400 克(約 4 碗)
地瓜粉 2/3 杯

★ 調味料
白胡椒粉 適量
醬油 2 大匙
咖哩高湯 1.5 杯
水 6.5 杯

作法 How to make

1
紅蘿蔔、高麗菜、芹菜用清水洗淨，紅蘿蔔去皮切絲，高麗菜切絲，芹菜切末。乾香菇浸泡溫水泡軟，切絲備用。

2
豬里肌肉片洗淨，切絲，放進大碗裡，加 2 大匙醬油，拌勻，盡可能使肉片都沾滿醬油。

3
取一大碗，倒入中筋麵粉、地瓜粉與適量水後，用筷子慢慢攪拌。

POINT
水應分次倒進碗裡，以免水量過多而使麵團濕軟。

4
在邊倒水邊攪拌的過程中，若發現麵團已出現稍微濕潤狀即可停止倒水。

5
平底鍋中放油，轉中小火，倒入作法 2 已用醬油醃過的豬肉絲，用鍋鏟拌炒至肉色微白。

6
接著，將已處理好的紅蘿蔔絲、香菇絲放進鍋中，將其與肉絲稍微拌炒。

POINT
有時候也可放些杏鮑菇片，或自己喜歡的食材一起炒喔！

7

將1.5杯的咖哩高湯和6.5杯的水倒入鍋中，轉大火，使湯汁煮至沸騰。

POINT

若喜歡咖哩味較濃郁者，可減少水量。

8

接著，用筷子或湯匙挖取作法4的麵團放入咖哩鍋中。

POINT

在放入麵團的過程裡，要不時翻攪咖哩鍋，以免黏底。

9

當麵團都放進鍋裡後，繼續熬煮5~10分鐘，直至麵團熟透。

POINT

此時也要翻動麵團，避免相黏。

10

最後，放入高麗菜絲、芹菜末稍微攪拌一下，依個人口味喜好，加點白胡椒粉後，再次煮沸。

11

待食材熟透後，熄火，撒上香菜，即可食用。

POINT

若不喜歡香菜的味道，也可不放；但若覺得咖哩味不夠濃，可酌量加點咖哩粉調味。

加點白麵條也很好吃喔！

cooking 有訣竅

Q. 若希望麵疙瘩口感更有咬勁，有什麼製作訣竅呢？

Ans. 其實，除了本篇簡易的麵疙瘩作法外，若希望麵團更有咬勁，可試著用以下方法製作。首先，將中筋麵粉、鹽倒入碗裡，加水拌勻成麵團後，取出，用身體的重量下壓麵團，稍微揉勻一下即可，切勿揉到過於光滑的程度，接著再用碗蓋住麵團靜置約20分鐘，但不要讓麵團吹到風，待醒麵後再揉，會讓麵團烹煮過後更彈牙。

這樣料理，老饕也會愛上素！

可去除豬里肌肉片，並加入能吸收湯汁的食材，如豆皮、凍豆腐，甚至放入如杏鮑菇、青花菜、素魚板等材料，都能讓湯頭更鮮甜。

人再多也能吃飽～

韓式部隊鍋

🗒 份量：3~4人份　🕐 所需時間：20mins　🍵 烹調器具：🍳 ✕ 🍲

近年來，韓式料理風行全台，尤其部隊鍋（韓語：부대찌개）更是大家相聚時的必點鍋物，現在不須外出，也能在家做出道地部隊鍋囉！

Yes!
這類場合也入菜

✔ 宴客料理
　Party點心
　野餐小點
　貪吃下午茶
✔ 便當菜

材料ingredients

★ 食材

辛拉麵 1 包

年糕 200克(約2碗)

德國香腸 2條

午餐肉 半罐
(家樂福、Costco有賣)

韓式泡菜 200克(約2碗)

茼蒿 300克(約3碗)

鮮香菇 150克
(約1.5碗)

起司片3片

★ 調味料

醬油1小匙

韓式辣醬 3大匙

韓式辣椒粉 1大匙

作法How to make

1 取一大碗，加入韓式辣醬、韓式辣椒粉、醬油，加適量冷開水調勻成調味料備用。

2 取出德國香腸，切片後，連同午餐肉、年糕一同放進盤中。

3 茼蒿、香菇用清水洗淨後，將茼蒿一片一片剝下；香菇則是切片備用。

4 平底鍋放油，燒熱，先下午餐肉，並將兩面煎至金黃後，起鍋備用。

5 砂鍋加水，煮沸後，放入作法1的調味料，並打開辛拉麵的調味包倒入鍋中，煮成高湯。

6 將韓式泡菜、茼蒿、香菇片、年糕、德國香腸片、午餐肉放入高湯後，轉大火煮滾。

7 最後，放入辛拉麵麵體，轉中小火，煮至麵條軟Q且有嚼勁。

8 接著，在煮好的韓式部隊鍋上，擺放起司片，甚至加點披薩專用起司條烹煮也很美味喔！

這樣料理，老饕也會愛上素！

可去除午餐肉、德國香腸、辛拉麵，並替換成素香腸與市售一般拉麵麵體，並選購不含蔥、蒜的素泡菜，可酌量加些凍豆腐、素魚板、豆皮等食材一起料理。

白天也能吃氣氛～

香煎鮭魚佐彩蔬

📋 份量：1~2人份　🕐 所需時間：20mins　🧤 烹調器具：🍳

總是羨慕國外影集中，出現魚排、牛排等西式餐點，如此健康美味、帶有西方風情的料理，不必花大錢也能自己烹調喔！

Yes!
這類場合也入菜

✔ 宴客料理
✔ Party點心
　 野餐小點
　 貪吃下午茶
✔ 便當菜

材料 ingredients

★ 食材		檸檬 1/2顆	★ 調味料
鮭魚 1/2片	洋菇片 適量		海鹽 適量
奶油 適量	四季豆 適量		白酒 適量
蒜末 適量	紅、黃椒絲 適量		黑胡椒粒 適量
	玉米筍 適量		

作法 How to make

1 鮭魚以清水沖洗乾淨後，放進盤中，並用海鹽均勻塗抹表面；一般的鹽亦可。

2 四季豆洗淨，去掉頭尾，撕去中間的粗纖維，切段，連同紅、黃椒絲，洋菇片、玉米筍盛盤。

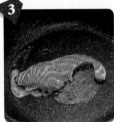

3 平底鍋中放入奶油，開火加熱，待奶油融化後，均勻塗抹鍋底，放進鮭魚。

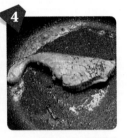

4 待煎至鮭魚兩面熟透後，再加入白酒、黑胡椒粒調味，即可起鍋備用。

5 利用鍋中餘油，爆香蒜末，倒進洋菇片、四季豆、玉米筍，紅、黃椒絲翻炒。

6 接著，加入白酒，再依個人口味撒點海鹽、黑胡椒粒調味，即可盛盤。

7 取一瓷盤，擺上鮭魚，旁邊再放剛炒好的蔬菜，最後擺上半顆檸檬即成。

擠點檸檬汁在鮭魚裡，更顯魚肉的鮮甜！

這樣料理，老饕也會愛上素！

可去除掉蒜末，並將鮭魚換成素鮭魚排，在煎製的過程中，可依個人喜好加鹽，最後盛盤時不需擠檸檬汁即可食用。

Brunch 62

不用油煎的清爽餐點~

日式照燒雞腿排

📋 份量：1~2人份 　🕐 所需時間：15mins 　🧤 烹調器具：🍳

廚房新手有福了，即便完全零廚藝，也能做出色香味俱全的下飯好料——日式照燒雞腿排，甚至不用油煎，只需簡單三種調味料便能自製照燒醬喔！

Yes!
這類場合也入菜

- ✔ 宴客料理
- ✔ Party點心
- 　野餐小點
- 　貪吃下午茶
- ✔ 便當菜

148

材料ingredients

★ **食材**
去骨雞腿排 1隻

★ **照燒醬**
醬油 3大匙
味醂 2大匙

冰糖 1大匙
水 4大匙

TIPS
在煎好的雞腿排旁，擺些紅椒絲，色澤更豐富！

作法How to make

1 取一大碗，將醬油、味醂、冰糖與4大匙的水放入碗中，稍微攪拌後試試味道，可依個人喜好斟酌調味料的比例，並拌勻成照燒醬備用。

2 平底鍋開中火，先稍微熱鍋，不放油，將去骨雞腿排的雞皮朝下，煎至金黃。

POINT

由於雞皮帶有油脂，所以不必放油也能煎熟喔！

3 接著，將雞腿排翻面，讓另一面白色雞肉處也煎到金黃微焦的色澤。若覺得雞皮的油脂不夠，可加點油再煎。

4 將作法1剛調好的照燒醬均勻淋在雞腿排上，並蓋上鍋蓋，繼續燜煮。

5 接著，火力轉成中火，熬煮到收汁後，熄火。

POINT

可在此時燙些青花菜，作為雞腿排的配料。

6 將吸飽照燒醬汁的雞腿排盛盤後，即可趁熱享用。

POINT

可搭配熱騰騰的白飯，與雞腿排一起食用。

這樣料理，老饕也會愛上素！

　　將去骨雞腿排替換成素食專用的主料即可，例如豆包、素漢堡排、杏鮑菇、豆腐等食材，皆與照燒醬很合喔！

攪和就上桌的美國派～

培根蛋奶彩椒派

📋 份量：1~2人份　⏱ 所需時間：1hr　🍳 烹調器具：🍳 ✕ 🍞

在美國家庭裡，這是一道最常出現的早午餐，只要將冰箱的剩餘食材與蛋液混合後，送進烤箱烘烤，香味四溢的蛋奶烤就出爐囉！

私房推薦

Yes!
這類場合也入菜

- ✔ 宴客料理
- ✔ Party點心
- ✔ 野餐小點
- ✔ 貪吃下午茶
-   便當菜

材料ingredients

★ 食材
法國麵包 1/2條
黃椒 1/2顆
紅椒 1/2顆
洋蔥 適量

牛奶 1杯
蛋 4顆
披薩專用起司條 1/2杯
培根 2片

★ 調味料
肉豆蔻粉 1/2小匙
黑胡椒粒 1/2小匙
海鹽 少許

作法How to make

1
取1/2條法國麵包，用刀子切成約2公分的小塊狀或用手隨意撕亦可；培根則切成小片狀備用。

2
紅椒、黃椒用清水沖洗乾淨後，去除籽，切丁備用；洋蔥洗淨，剝去外皮，切碎，約1/2碗份量。

3
平底鍋加熱，放一點油燒熱後，倒進培根片，略炒至表面呈微焦狀。

POINT
火力可調整成中小火，以免太大而燒焦。

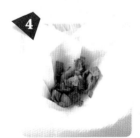

4
熄火，取出平底鍋裡的培根片，並抽一張廚房紙巾鋪在碗裡，吸取培根多餘的油。

5
接著，留下平底鍋的餘油，開中火加熱，放進洋蔥末翻炒，直至洋蔥末變軟，取出備用。

6
取一烤碗，先將剛處理好的法國麵包丁，取約1/2份量平均鋪在烤碗裡。

POINT
烤碗盡量選深底的，以方便之後鋪放食材。

接著，再一層一層地依序放上炒過的培根片、洋蔥末，紅、黃椒丁，最後撒上披薩專用起司條。

POINT

以上食材都取約1/2份量。

再重複作法6、7的順序，鋪上剩餘的法國麵包丁，並依序疊上炒過的培根片、洋蔥末，紅、黃椒丁，最後撒上披薩專用起司條。

取一大碗，打進蛋後，加入牛奶、肉豆蔻粉、黑胡椒粒、海鹽，拌勻。

POINT

若沒有肉豆蔻粉，可換成五香粉提味，或者全都不放亦可。

將剛調好的蛋液倒入作法8的烤碗裡，均勻覆蓋所有食材，放置室溫約10分鐘，使法國麵包丁能充分吸收蛋液精華。

烤箱先以175度預熱5分鐘，放進作法10的烤碗，以175度烤約40~50分鐘。

POINT

家中若有青花菜、蘑菇等也可放入烤碗裡。

取出剛烤好的培根蛋奶彩椒派，待表面起司融化微焦、麵包丁金黃微酥、蛋液凝固即成，以湯匙趁熱挖食更美味！

COOking 有訣竅

Q. 培根蛋奶彩椒派一定要用法國麵包嗎？若是其他種類的麵包也合適料理嗎？

Ans. 可以！其實，不一定要使用法國麵包，但若要替換其他種類，則須選擇較乾硬的麵包才能吸收蛋奶汁的精華，例如雜糧麵包等；此外，像是一般吐司也能當做培根蛋奶彩椒派的基底，但應先放進烤吐司機或烤箱，將水分烘乾，但不要過焦，外表呈金黃即可。

這樣料理，老饕也會愛上素！

可去除掉食材中的洋蔥、培根，並替換成去皮蒸熟的馬鈴薯塊、蘑菇，甚至也能加點汆燙好的青花菜、素火腿片等，若是家中有其他剩餘食材，也可放進去一起烘烤，相當方便且可口喔！

Part 4

吃再多也不發胖
的低卡Brunch

腹部肥油快炸出來啦！眼看體脂逐漸攀升，但又擋不住美食的誘惑，真是令人左右為難！Now，不用再跟內心的小惡魔糾結了，只要照著本篇作法烹調，你也能幸福吃，健康瘦！

計量單位

- 1 大匙 = 15 公克 = 3 小匙（亦可用一般湯匙來代替）
- 1 小匙 = 5 公克
- 1 碗 = 250 公克
- 1 杯 = 180c.c.

紅酒燉肉丸(P.163)

鮪魚蓋飯佐起司竹輪(P.184)

日式咖哩沾烏龍(P.172)

翠玉生菜上的活跳海鮮～

泰式鮪魚船

📋 份量：2~3人份　🕐 所需時間：15mins　👨‍🍳 烹調器具：🍳

前一晚大飽口福後，總希望來點清爽無負擔的輕食料理，只要備齊簡易食材，隨時都能做出美味沙拉新食感！

Yes!
這類場合也入菜
✔ 宴客料理
✔ Party點心
✔ 野餐小點
✔ 貪吃下午茶
　便當菜

材料ingredients

★ **食材**
鮪魚罐頭 1罐
泰式綠咖哩醬 1小匙

洋蔥 1/4顆
萵苣葉 3片
沙拉醬 少許

★ **配料**
炒杏仁片 少許
豌豆苗 適量

紅蘿蔔 1/2根
奇異果 1顆
蘋果 1顆

作法How to make

1 打開鮪魚罐頭，取出鮪魚肉，用湯匙將水分壓乾備用。

2 將洋蔥、紅蘿蔔洗淨後，洋蔥去皮切丁，紅蘿蔔切絲備用。

3 將萵苣葉、豌豆苗用水沖洗乾淨後，盛盤備用。

4 將奇異果、蘋果洗淨後，去除外皮，切片備用。

5 平底鍋開小火加熱，放入泰式綠咖哩醬、洋蔥丁，乾炒至香味散出後，盛盤備用。

6 將炒過的洋蔥丁放涼後，加入鮪魚肉、沙拉醬，拌勻成鮪魚醬備用。

7 將萵苣葉放在盤子上，並取適量鮪魚醬鋪在萵苣葉裡。

8 接著，放進豌豆苗、紅蘿蔔絲、奇異果片、蘋果片，最後撒些炒杏仁片即可。

這樣料理，老饕也會愛上素！

　　可去除鮪魚罐頭，並將泰式綠咖哩醬改成素泰式綠咖哩椰醬，將其與蘑菇片、蘆筍略炒後，放涼；在萵苣葉上撒入素鬆、擠些沙拉醬，鋪上前述食材即成。

金黃麵線也會大變臉～

茄汁鮮蝦麵披薩

📖 份量：1~2人份　🕐 所需時間：40mins　🍳 烹調器具：🍲 × 🍳 × 🍞

酥脆鬆軟的披薩，一口咬下，滿滿都是牽絲好料，但爆表的熱量卻可能讓你為之卻步。現在，想吃披薩不必天人交戰，將餅皮換成清爽麵線，用平底鍋稍微煎一下，便能馬上上桌囉！

Yes!
這類場合也入菜
- ✔ 宴客料理
- ✔ Party點心
- ✔ 野餐小點
- ✔ 貪吃下午茶
- 便當菜

材料ingredients

★ 食材
水 1大匙
麵線 2把
蝦子 8隻
青椒 1顆

洋蔥 1/6顆
披薩專用起司條 適量

★ 調味料
巴西里末 適量
可果美番茄鍋高湯 5大匙

作法How to make

1

洋蔥、青椒用清水沖洗乾淨後,先將洋蔥去除外皮,切丁;青椒切成圈狀備用。

2

蝦子用清水沖洗乾淨後,取一條蝦子、一根牙籤,從尾部直穿,將蝦子固定成直條狀。

3

鍋中加水煮滾,放入蝦子煮熟後,撈出放涼;接著,剝掉蝦殼,並在腹部劃一刀,但不可切斷。

POINT

在蝦腹上劃一刀,除了有美觀的作用外,還能讓蝦子比較容易固定在麵線上。

4

另起一鍋滾水,放入麵線,煮約3分鐘,撈起瀝乾,放入碗中備用。

5

平底鍋放油,開小火加熱,將燙好的麵線整成圓形狀,並煎至兩面金黃,盛盤備用。

6

平底鍋放少許油,開小火加熱,放入洋蔥丁爆香,炒至表面呈金黃透明狀。

POINT

在進行作法4時,麵線不可煮太久,如此才能煎出外酥內軟的口感。

7

接著,將可果美番茄鍋高湯倒入鍋中,再加入1大匙水稍微拌炒成洋蔥番茄醬,即可盛碗。

POINT

水量可依個人口味調整。

8

在烤盤上鋪鋁箔紙,放進煎好的麵線,塗上洋蔥番茄醬。

POINT

可將鋁箔紙稍微弄皺再鋪於烤盤上,以防麵線披薩燒焦或沾黏。

9

接著,撒上披薩專用起司條,再鋪上剛剛切好的青椒。

POINT

配料份量可依個人口味調整多寡。

10

最後,將蝦子稍微攤開,並以放射狀的方式擺在相鄰青椒的空隙間,再重複撒上披薩專用起司條,但這次份量不必太多。

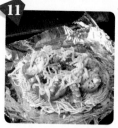

11

烤箱先以200度預熱5分鐘,接著放進作法10的麵線披薩,以200度烤約10分鐘。

POINT

可在麵線披薩上,放幾片番茄片,以增添番茄的酸甜口感。

12

待時間到後,可先稍微觀察麵線披薩,若上方起司融化且金黃微焦,即可取出。最後再撒上巴西里末,即可趁熱享用。

POINT

喜歡吃辣者,也可撒點辣椒粉喔!

COOking 有訣竅

Q. 假使家中沒有烤箱,還有什麼方式可以做這道茄汁鮮蝦麵披薩呢?

Ans. 首先,將調好的洋蔥番茄醬、披薩專用起司條拌入剛煮好的麵線,若加點橄欖油會更好拌;接著,平底鍋加點油燒熱,倒入拌好的麵線,用鍋鏟壓平,待煎到底部略有微焦後,取一瓷盤,將麵線滑入盤中再倒扣於鍋裡,並鋪上青椒、蝦子,再撒些起司條後,蓋上鍋蓋,以小火慢煎,待起司融化、底部微焦後,即可起鍋享用。

這樣料理,老饕也會愛上素!

可去除蝦子、洋蔥,並在煮好的麵線裡拌入切碎海苔,接著將青花菜、杏鮑菇與蘑菇稍微汆燙後,取出,將杏鮑菇與蘑菇切片,連同青花菜、青椒鋪在麵線上,放上九層塔、撒些披薩專用起司條,再送進烤箱即成。

不必遠行的就近異國好味道～

西班牙風味煎餅

份量：1~2人份　　所需時間：25mins　　烹調器具：

想吃到食材的原汁原味，想來一場味蕾覺醒的洗禮，那你就不能錯過「西班牙風味煎餅」，吃一口，彷彿走在巴塞隆納的街頭，愜意之情滿上心頭！

Yes!
這類場合也入菜

✔ 宴客料理
✔ Party點心
✔ 野餐小點
✔ 貪吃下午茶
　 便當菜

材料ingredients

★ 食材　　　　　　火腿 2片　　　　★ 調味料　　　　巴西里末 2小匙
馬鈴薯 2顆　　　　蛋 3顆　　　　　鹽 少許
洋蔥 1/2顆　　　　　　　　　　　白胡椒粉 少許

作法How to make

1

洋蔥、馬鈴薯洗淨後，去皮，洋蔥切小片、馬鈴薯切小塊。

2

取2片火腿，切成小塊狀後，放入碗中備用。

3

平底鍋內放油加熱，下洋蔥片、馬鈴薯塊、火腿塊拌炒。

4

待馬鈴薯炒到熟軟後，連同洋蔥片、火腿塊，盛起瀝油。

5

取一大碗，放進作法4食材、巴西里末、鹽、白胡椒粉後，打入蛋，拌成煎餅糊。

6

平底鍋放入適量油加熱，倒進作法5剛調好的煎餅糊，轉中小火，以免煎焦。

7

待煎餅底部凝固後，翻面續煎，直至兩面煎到金黃微焦後，即可盛盤。

POINT

盛盤前，可先用筷子試戳煎餅，若無液狀流出，代表已經熟了！

這樣料理，老饕也會愛上素！

　　可去除洋蔥、火腿，並將杏鮑菇切片、玉米筍去鬚切小段，先略炒一下後，拌進煎餅糊裡，煎至兩面金黃即成。

藏匿在麵條中的小太陽～

親子炒麵

📋 份量：1~2人份　🕐 所需時間：20mins　🍲 烹調器具：🍲 ╳ 🍳

一種日式丼飯的概念、一種台式炒麵的呈現，中日混血，將翻炒出不一樣的味覺新衝擊！

Yes!
這類場合也入菜

　　宴客料理
✔　Party點心
✔　野餐小點
　　貪吃下午茶
✔　便當菜

材料ingredients

★ 食材
細麵 2把
蛋 2顆

雞絞肉 適量
高麗菜絲 適量
紅蘿蔔絲 適量

洋蔥絲 適量

★ 調味料
醬油 適量
糖 適量

作法How to make

1 鍋中加適量水,開火煮滾,放入細麵,煮熟後撈起。

2 取一大碗,放入細麵後,加進適量冰塊,以冰鎮麵條。

3 鍋中放油燒熱,倒入雞絞肉、洋蔥絲、高麗菜絲與紅蘿蔔絲。

4 稍微翻炒一下後,倒入適量醬油、糖,使食材入味。

5 待配料快熟時,放入冰鎮後的細麵拌勻,再加入醬油調味後,起鍋盛盤。

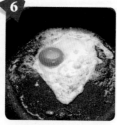

6 另起一鍋,加油燒熱,打入蛋,待表面變色時,加點水,蓋上鍋蓋,燜至蛋白變白、蛋黃半熟即成。

7 將半熟蛋鋪在剛盛盤的炒麵上,即可趁熱食用;另一份親子炒麵作法亦同。

POINT

在進行作法5時,醬油應先一點一點的少量調味,以免太鹹。

這樣料理,老饕也會愛上素!

可去除食材中的洋蔥絲、雞絞肉,並可替換成素火腿片、高麗菜與芹菜末,最後再加些適量海苔粉調味即成。

一鍋滿足全家人的胃～

紅酒燉肉丸

📋 份量：3~4人份　🕐 所需時間：1hr 10mins　🍳 烹調器具：

奢華的紅色饗宴，讓早午餐也能晉升米其林五星等級！舀一口湯料，澆淋在白皚皚的米飯上，無論視覺抑或味覺，都是全新享受！

Yes!
這類場合也入菜

宴客料理
✔ Party點心
✔ 野餐小點
貪吃下午茶
✔ 便當菜

材料 ingredients

★ 食材
牛絞肉 500克(約5碗)
洋蔥 1/2顆
大蒜 2瓣
紅蘿蔔 1根

番茄 3顆
番茄醬 3大匙
★ 醃料
鹽 適量
黑胡椒粒 少許

乾燥迷迭香 1大匙
薄鹽醬油 2大匙
麵粉(低筋或中筋) 適量
★ 調味料
乾燥迷迭香末 少許

黑胡椒粒 少許
紅酒 適量
薄鹽醬油 適量

作法 How to make

1

將1大匙的迷迭香放
入食物調理機，打成
粉末。

POINT

也可用刀子切碎！

2

將大蒜用清水洗淨
後，去除外皮，切
末；1/2顆洋蔥先取一
小塊，清洗乾淨後，
切末備用。

3

將剩餘的洋蔥洗淨，
去除外皮，切小片；
紅蘿蔔洗淨，削皮，
切成小塊狀備用。

POINT

部分洋蔥也可切
大片一點，因經
過燉煮後，小
片洋蔥會融於湯
中，大片則會保
留形狀與口感。

4

將番茄用清水沖洗乾
淨後，去除蒂頭，用
刀在表面輕劃出十字
狀備用。

5

平底鍋放油，燒熱，
倒入一顆大蒜末的
量，再下洋蔥末略
炒，起鍋備用。

6

取一大碗，放入牛絞
肉、炒過的蒜末與洋
蔥末，以及醃料中的
黑胡椒粒、2大匙薄
鹽醬油、麵粉、鹽與
剛打碎的迷迭香末。

POINT

也可在碗裡調好
醃料後，先試
味，再放入牛絞
肉醃製。

將牛絞肉與醃料充分拌勻後,甩打絞肉使空氣散出,直至絞肉出現黏性後,再抓一小坨絞肉,捏成肉丸狀備用。

起油鍋,但不必放太多油,開中火,下肉丸,炸至表面金黃微焦後,撈起,放在廚房紙巾上,吸取多餘油脂。

平底鍋洗淨,加點油,燒熱,放入劃好十字的番茄,以小火慢煎,待表皮稍微脫落後,盛起,放入盤中備用。

待盤中的番茄放涼後,取出番茄,用手撕去外面半脫落的表皮後,切成入口的適當小塊狀,但不必切太小。

鍋中放油,加熱,倒入紅蘿蔔塊、洋蔥片,炒至洋蔥呈半透明狀後,再放入約一顆大蒜末的量、番茄塊後,稍微拌炒,加入番茄醬調味。

接著,倒入剛炸好的肉丸略為拌炒,加入熱水淹過肉丸。最後,依個人喜好,加少許迷迭香、黑胡椒粒、紅酒、薄鹽醬油調味。

蓋上鍋蓋,轉小火燉煮約1小時至肉丸軟爛,或可用筷子先試戳肉丸,若能穿透代表已熟透,此時可熄火。盛盤後,搭配白飯或義大利麵食用即成。

POINT

可將紅酒燉肉丸放進冰箱冷藏,隔天加熱食用會更入味喔!

這樣料理,老饕也會愛上素!

　　利用紅酒也可烹調出素食料理——冰釀紅酒番茄。首先,取適量紅酒放進糖,加熱溶解後,放涼;將洗淨的小番茄,在表皮上輕劃十字,放入熱水中,使皮脫落,再將小番茄倒入放涼的紅酒中,加幾顆話梅,置於冰箱冷藏即成。

拌拌飯轉身變煎餅～

米飯總匯煎餅

📋 份量：1~2人份　🕐 所需時間：20mins　🧤 烹調器具：🍳

冰箱剩餘的白飯，除了煮粥、炒飯之外，還能變化出香酥脆的卡滋煎餅！食材簡單易做，稍微小煎一下，馬上變成份量十足的美味料理！

Yes!
這類場合也入菜

　宴客料理
✔ Party點心
✔ 野餐小點
　貪吃下午茶
✔ 便當菜

材料ingredients

★ 食材
紅蘿蔔 1/5根
洋蔥 1/5顆

蒜苗 1支
火腿 2片
蛋 1顆

隔夜飯 1/2碗
★ 調味料
鹽 適量

黑胡椒粒 適量
番茄醬 適量

作法How to make

1 紅蘿蔔、洋蔥用清水沖洗乾淨後，去除外皮，切碎備用。

2 蒜苗洗淨，去掉尾部，切末；火腿切成小丁狀備用。

3 取一大碗，從冰箱拿出隔夜飯，倒進碗裡，打入一顆蛋。

4 接著，倒入紅蘿蔔末、洋蔥末、蒜苗末與火腿丁。

5 依個人口味，加入適量鹽、黑胡椒粒調味後，用筷子攪拌均勻成煎餅糊備用。

6 平底鍋放少許油，燒熱，舀適量煎餅糊鋪平在鍋裡，並盡量塑形成圓餅狀。

7 接著轉中火，將煎餅煎至兩面金黃後，盛盤，加點番茄醬即可食用。

POINT

煎餅不宜鋪得太厚，以免不好翻面。

這樣料理，老饕也會愛上素！

可去除洋蔥、蒜苗、火腿，將素火腿丁、杏鮑菇丁與芹菜末拌入飯中，平鋪在鍋中煎至兩面金黃即可。

享受嘴裡的彈跳口感～

鮭魚明太子義大利麵

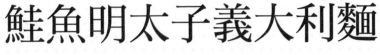

份量：2~3人份　　所需時間：25mins　　烹調器具：🍲 ✕ 🍳

將晚餐鮭魚明太子義大利麵搬到早午餐上吧！不用特別外出找名店，在家也能自己享受，花費少少、食材簡單，不到半小時馬上開動！

Yes!
這類場合也入菜

- ✔ 宴客料理
- ✔ Party點心
-    野餐小點
-    貪吃下午茶
-    便當菜

材料ingredients

★ 食材
鮭魚 1片
義大利麵 2把
蘑菇 適量

大蒜 適量
青花菜 3~5朵

★ 調味料
海苔絲 適量
S&B生風味義麵醬(明太子口味) 1包(2人份)

作法How to make

1
蘑菇、大蒜用清水沖洗乾淨後，蘑菇切片；大蒜則是去皮，切末備用。

2
起滾水鍋，撒點鹽，轉小火，放進義大利麵，使麵呈放射狀地散開煮熟後，盛盤。

3
青花菜洗淨切小朵，倒進剛煮完麵的滾水鍋，煮至熟軟後，起鍋備用。

4
平底鍋加油燒熱，下鮭魚，將表面稍微煎熟後，即可起鍋，否則口感會變老！

5
將剛剛煎好的鮭魚，先去除魚骨，再切成適當入口的小塊狀放碗裡備用。

6
平底鍋加油燒熱，先下蒜末爆香，放蘑菇片略為拌炒，再倒進鮭魚塊一起翻炒。

7
接著，下作法2煮好的義大利麵，與上述配料一起拌炒至入味後，盛盤。

8
最後，放入S&B生風味義麵醬(明太子口味)，擺上青花菜，再撒進海苔絲即成。

這樣料理，老饕也會愛上素！

可去除鮭魚、大蒜，並將S&B生風味義麵醬(明太子口味)改成素食義大利醬，配料則酌量添加茄子片、蘆筍段等來增加口感。

最營養的爽口鮮味～

鹽燒蛋皮魚捲

份量：2~3人份　所需時間：20mins　烹調器具：🍳 ✕ 🍲

「蛋包飯」不稀奇，蛋包魚總讓人驚豔吧！金黃軟嫩的蛋皮藏匿著鮮甜鯛魚，作為早午餐的健康主食，一整天都讓人精神抖擻！

Yes!
這類場合也入菜

- ✔ 宴客料理
- ✔ Party點心
- ✔ 野餐小點
- ✔ 貪吃下午茶
- ✔ 便當菜

材料ingredients

★ 食材	韭黃段 少許	★ 醬汁	醬油 1/2大匙
鯛魚片 2片	紅蘿蔔絲 少許	蠔油 1小匙	日式和風醬油露
蛋 2顆	芹菜段 1支量	水 60c.c.(約1/3杯)	(鰹魚口味) 1大匙
蔥段 2支量	太白粉 少許	黑胡椒粒 少許	

作法How to make

1 取一大碗，打入2顆蛋後，攪散成蛋液備用。

2 平底鍋放油，燒熱，倒入一部分蛋液，煎成蛋皮後，起鍋。

3 接著，倒入剩下的蛋液，煎好另一張蛋皮，起鍋備用。

4 取一張蛋皮放鯛魚、紅蘿蔔絲、蔥段、韭黃、芹菜，另一張蛋皮亦同。

5 接著，將兩張蛋皮分別捲起來，邊緣撒些太白粉封口，以免下鍋煎時散開。

6 起一油鍋，放進作法5的蛋皮魚捲，炸約3分鐘後，撈起，瀝乾油。

7 將瀝好油的蛋皮魚捲，切小段狀，整齊擺進盤中。

8 取一鍋，倒進材料中「醬汁」的調味料拌勻，加熱煮滾後，淋在蛋皮魚捲上即可。

這樣料理，老饕也會愛上素！

可去除鯛魚片、蔥段、韭黃，替換成杏鮑菇片、蘆筍段，並可將蠔油、日式和風醬油露(鰹魚口味)改成素食專用即可。

超順口的滑溜麵條～

日式咖哩沾烏龍

📋 份量：2~3人份　🕐 所需時間：30mins　🧤 烹調器具：🍲

滑不溜丟的白拋拋烏龍麵沾上金黃濃郁的咖哩，撲鼻的美味香氣，喚醒了睡眼惺忪的家人，幸福感就在這兒源源不絕地流瀉！

Yes!
這類場合也入菜

- ✔ 宴客料理
- Party點心
- 野餐小點
- 貪吃下午茶
- ✔ 便當菜

材料ingredients

★ 食材
烏龍麵 3包
美白菇 200克(約2碗)

紅蘿蔔 1/2根
溏心蛋 3顆
無糖豆漿 450c.c. (約4.5碗)

★ 調味料
咖哩粉 適量
雞精粉 適量

白胡椒粉 適量

作法How to make

1 紅蘿蔔、美白菇用清水沖洗乾淨後,先將紅蘿蔔削去外皮,切成薄片;美白菇則是剝成小束狀備用。

2 取一大鍋,先倒入無糖豆漿,再放進剝成束狀的美白菇、紅蘿蔔薄片,開中火,煮至豆漿滾沸。

3 在豆漿鍋裡,加入適量咖哩粉、雞精粉及白胡椒粉調味,轉成小火繼續熬煮至醬汁入味,即可熄火。

4 另起滾水鍋,放入烏龍麵煮熟後,撈出。

POINT

若想吃烏龍冷麵,可將煮好的麵浸入冰水冰鎮。

5 取一大碗,放進烏龍麵,倒入作法3煮好的咖哩豆漿醬汁,再擺上對切的溏心蛋即可享用。

POINT

只要增加豆漿份量,就變成了日式咖哩烏龍湯麵!

這樣料理,老饕也會愛上素!

可將雞精粉改為素食專用的香菇粉,且可把豆皮、百頁豆腐放進咖哩豆漿醬汁裡一起熬煮,其吸飽咖哩精華的配料會更顯美味。

配飯單吃攏好呷～

古早味瓠瓜鮮肉餅

📋 份量：1~2人份　🕐 所需時間：30mins　🧤 烹調器具：🍳

平凡無華的簡樸煎餅，卻是我們童年的回憶，沒有華麗的擺飾、沒有豐盛的配料，唯有陣陣的煎餅飄香，才能帶我們重回兒時記趣！

Yes!
這類場合也入菜

- ✔ 宴客料理
- ✔ Party點心
- ✔ 野餐小點
- ✔ 貪吃下午茶
- 便當菜

材料ingredients

★ 食材

瓠瓜 1/2條

豬絞肉 60克(約1/4碗)

蝦米 少許

中筋麵粉 50克(約1/2碗)

地瓜粉 20克(約4小匙)

蛋 1顆

水 100c.c.(約1/2碗)

蒜末 3瓣量

★ 調味料

鹽 1/4小匙

味醂 1小匙

醬油 1/2小匙

米酒 1小匙

作法How to make

1 瓠瓜洗淨去皮去籽，刨絲後，撒些鹽靜置10分鐘出水，取出瓠瓜絲擠乾，盛碗。

2 將蝦米放進碗裡，加水浸泡約10分鐘後，撈出，瀝乾，稍微切碎。

3 平底鍋中放少許油，燒熱後，先下蒜末爆香，再放入蝦米末炒香。

4 接著，放進豬絞肉，再倒入米酒炒散，待肉變色變熟後，撈出放涼。

5 將中筋麵粉和地瓜粉過篩到碗裡，打入蛋，加約1/2碗水，拌成糊狀，靜置半小時。

6 將放涼的豬絞肉末、瓠瓜絲及鹽、味醂、醬油倒入作法5的麵糊中拌勻。

7 平底鍋放油燒熱，慢慢倒入作法6已拌好的麵糊。

8 開中火，將麵糊煎至表層金黃，起鍋前開大火煎至兩面酥脆後，即可盛盤食用。

這樣料理，老饕也會愛上素！

可去除蒜末、豬絞肉、蝦米，並替換成芹菜末爆香，下些切碎的素料，如素火腿、香菇末等，再拌入麵糊，煎成餅狀即可食用。

冷颼颼日子中的暖心料理～

韓式牛肉鍋

📋 份量：2~3人份　🕐 所需時間：1hr　🧤 烹調器具：🍲

寒流來襲，總希望能吃點暖呼呼的鍋物來溫暖我們的胃，鮮嫩的牛肉、透明軟Q的冬粉，一次入口，飽足感躍上心頭！

Yes!
這類場合也入菜

- ✔ 宴客料理
- Party點心
- 野餐小點
- 貪吃下午茶
- ✔ 便當菜

材料ingredients

★ **食材**
牛肉 200克(約2碗)
韓式冬粉 適量
鮮香菇 3-4朵
洋蔥 1/4顆

小魚乾 適量
昆布 適量
蔥 1支

★ **醃料**
醬油 4大匙
糖 1大匙
米酒 1大匙
白芝麻 1/2小匙

黑胡椒粒 少許
韓式芝麻油 1/2小匙
生薑粉 少許
蔥花 適量
大蒜 2瓣

作法How to make

1 取一大碗，注入適量溫水，放進韓式冬粉浸泡約30分鐘。

2 將牛肉用清水沖洗乾淨後，切成適當入口的片狀備用。

3 洋蔥、大蒜洗淨後，洋蔥去皮，切成條狀；大蒜拍碎去皮，磨成蒜泥。

4 蔥、香菇洗淨後，先將蔥斜切成段；香菇則是切片備用。

5 將牛肉片放進碗裡，加入材料中的「醃料」、洋蔥條後，拌勻，醃約半小時。

6 鍋中加適量水，放進昆布、小魚乾，開火煮滾，轉小火熬煮約5~6分鐘。

7 撈出昆布和小魚乾，放進醃好的牛肉、洋蔥條、香菇片與韓式冬粉，煮約8分鐘。

8 待韓式冬粉變軟、食材完全熟透後，熄火，放入適量蔥段，即可趁熱享用。

這樣料理，老饕也會愛上素！

可去除牛肉、洋蔥、小魚乾、蔥、大蒜，並在熬煮鍋物時，放進素魚板、杏鮑菇、蒟蒻絲、凍豆腐、豆皮等材料，便成為韓式素食鍋。

炎炎夏日大開胃～

泰式酸辣蝦仁粉

🗒 份量：2~3人份　⏰ 所需時間：30mins　🧤 烹調器具：🍳 ✕ 🍲

天氣開始邁向春夏，炎熱溫度讓人胃口缺缺，充滿酸辣微涼的泰式酸辣蝦仁粉，當然是早午餐首選！

Yes!
這類場合也入菜

- ✔ 宴客料理
- ✔ Party點心
- ✔ 野餐小點
-   貪吃下午茶
- ✔ 便當菜

材料 ingredients

★ 食材
豬絞肉 150克(約4/5碗)
蝦仁 100克(約1碗)
小寬粉 3把

大蒜 1瓣
五香粉 2小匙
熟花生 適量
糖 2小匙

蔥 1支
醋 少許
★ 調味醬汁
薑泥 2大匙

辣椒末 適量
檸檬汁 1/2顆量
橄欖油 2大匙
醬油 1大匙

作法 How to make

1. 蝦仁洗淨放碗裡,加適量水、幾滴醋略為浸泡一小段時間,撈出後去除腸泥,洗淨並冷藏。

2. 將「調味醬汁」中的薑泥、辣椒末、檸檬汁、橄欖油、醬油放進碗裡,拌勻後,送入冰箱冷藏。

3. 取一大碗,注入適量溫水,放進小寬粉浸泡約15~16分鐘,待小寬粉回軟後,撈出瀝乾。

4. 將大蒜、蔥用清水沖洗乾淨後,先將大蒜拍碎去皮,切成碎末;蔥則切成蔥花備用。

5. 鍋中放油,下蒜末爆香後,放進豬絞肉炒散,再加入五香粉、糖拌炒。

6. 從冰箱取出蝦仁及熟花生倒進鍋裡,待蝦仁炒熟後,即可起鍋盛盤。

7. 鍋中加水煮滾,放進小寬粉,煮至顏色變透明後,撈起瀝乾,盛碗。

8. 將作法6的炒料倒進小寬粉裡,拌勻,撒上蔥花、淋入作法2的醬汁即成。

這樣料理,老饕也會愛上素!

去除豬絞肉、蝦仁、大蒜與蔥,並在作法5中放進芹菜末炒香,再倒進杏鮑菇片拌炒,起鍋放到小寬粉上,鋪些小番茄片、九層塔即成。

大人小孩一網打盡的料理～

日式帆立貝炊飯

份量：2~3人份　　所需時間：30mins　　烹調器具：🍲 ✕ 🍳 ✕ 🍚

帆立貝本身的鮮甜美味，再加上菇類的獨特香氣，兩者混搭於飯中，再來一點和風調味，賦予boring白飯日式風情！

私房推薦

Yes!
這類場合也入菜
- ✔ 宴客料理
- ✔ Party點心
- ✔ 野餐小點
- 　貪吃下午茶
- ✔ 便當菜

材料ingredients

★ 食材

汆燙帆立貝 5~7個
乾香菇 2朵
美白菇 1束

金針菇 1把
高麗菜 適量
青花菜 適量
薑末 適量

白米 1.5量米杯
奶油 適量

★ 調味料

白胡椒粉 適量
味醂 適量
香菇醬油 30c.c.(約2大匙)

作法How to make

1. 取一大碗，注入溫水後，將乾香菇放進水裡泡軟，擠乾切絲。

2. 鍋中加水，煮滾，放入洗淨的高麗菜、青花菜汆燙後，撈起。

3. 將高麗菜葉放涼後，切成細條狀，盛盤備用。

4. 將帆立貝對切；鍋中加點奶油融化，放進帆立貝略煎起鍋。

5. 鍋中加油燒熱，下薑末、香菇絲爆香，再倒進洗淨的金針菇、美白菇拌炒，加進香菇醬油炒勻。

6. 倒入洗淨的白米，再加2又1/3杯的水煮滾，並依個人喜好，加入白胡椒粉、味醂調味。

7. 熄火，將作法6的菇菇飯倒進電鍋內鍋，外鍋加2杯水，蓋上鍋蓋，按下電源。

8. 待電源跳起，先保溫一段時間揮發水分後再盛碗，鋪上高麗菜絲、帆立貝和青花菜即可享用。

這樣料理，老饕也會愛上素！

去除食材中的帆立貝，直接烹調即成。但若希望配料更豐盛，可酌量加些素火腿丁、毛豆等，味道會更有層次。

超涮嘴的下飯好料～

香濃麻醬雞

📋 份量：1~2人份　🕐 所需時間：1hr 10mins　🧤 烹調器具：🍳

製作好吃麻醬的首要功臣，當屬花生醬和白芝麻醬，若覺得調味時，發現麻醬香味不夠濃郁，可再多放些花生醬提升香氣喔！

Yes!
這類場合也入菜

- ✔ 宴客料理
- ✔ Party點心
-   野餐小點
-   貪吃下午茶
- ✔ 便當菜

材料ingredients

★ 食材
去骨雞腿肉 1隻
洋蔥 1/2顆
蔥花 少許

開水 40c.c.(約1/4杯)

★ 麻醬醃料
醬油 1.5大匙
味醂 1大匙
米酒 1大匙

白芝麻醬 1大匙
花生醬 1/2大匙
蒜末 3瓣量
白胡椒粉 少許

作法How to make

1 將去骨雞腿肉洗淨後，切小塊。

POINT
建議可請攤販老闆先處理好。

2 取一大碗，放入去骨雞腿肉塊，倒入「麻醬醃料」中的醬油、味醂、米酒、白芝麻醬、花生醬、蒜末、白胡椒粉，充分拌勻後，醃1小時。

3 將洋蔥洗淨後，剝去外皮，切小片；接著，平底鍋加些油燒熱，放入洋蔥片後，炒至洋蔥片變軟。

4 將醃好的去骨雞腿肉塊取出，放進鍋裡翻炒，接著再倒進剩餘醃料，加入約1/4杯的開水。

5 將火力轉成中大火，用鍋鏟稍微拌炒，待煮至麻醬醬汁出現微微黏稠狀後，即可熄火。

6 將麻醬雞盛盤，撒上蔥花，即可趁熱享用；此外，搭配白飯或拌麵都是非常涮嘴的配菜喔！

這樣料理，老饕也會愛上素！

去除洋蔥、蔥花、去骨雞腿肉以及醃料中的蒜末，將杏鮑菇絲、彩椒絲與菠菜燙熟後，盛盤，淋上加熱過的麻醬醃料即可食用。

Brunch 78

超清爽的深海風味～

鮪魚蓋飯佐起司竹輪

份量：1~2人份　　所需時間：30mins　　烹調器具：

暖呼吃、爽口食！竹輪中探頭出來的融化起司，再配上鮮香的鮪魚蓋飯，一種療癒系的料理概念，無論是廚師或食者都能幸福洋溢！

Yes!
這類場合也入菜

✔ 宴客料理
　Party點心
　野餐小點
　貪吃下午茶
✔ 便當菜

材料ingredients

★ 食材	起司片 7~8片	★ 調味醬汁	鹽 適量
鮪魚罐頭 1罐	洋蔥 1/2顆	高湯 適量	七味粉 適量
蛋 1顆	蔥 1支	糖 少許	
竹輪 6條	白飯 1碗	味醂 適量	

作法How to make

首先製作鮪魚蓋飯的醬料。洋蔥、蔥洗淨後，洋蔥去皮切條；蔥斜切成段備用。

取一大碗，打入一顆蛋後，攪散成蛋液備用。

平底鍋放油，燒熱，下洋蔥條炒軟後，倒進鮪魚罐頭肉一起拌炒。

接著，加入高湯、糖、味醂、鹽與七味粉，稍微拌勻後，煮至滾沸。

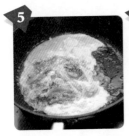

最後，倒入作法2蛋液，煮至蛋液呈半凝固狀後，熄火，起鍋盛盤。

將作法5半凝固的蛋液淋在熱騰騰的白飯上，撒些蔥段，即成為鮪魚蓋飯。

接下來是製作起司竹輪。竹輪洗淨後，切小段；起司片切成條狀，塞進竹輪裡。

烤箱先以220度預熱5分鐘，放進起司竹輪，以220度烤約10~15分鐘，待起司稍微融化即成。

這樣料理，老饕也會愛上素！

可去除洋蔥、蔥，並將鮪魚改成素南海雞罐頭，將竹輪改成素竹輪，而烹調方式如同前述料理步驟即可。

食慾大開的道地良方～

鮭魚味噌泡飯

📋 份量：1~2人份　🕐 所需時間：30mins　🧤 烹調器具：🍲

食材在細熬慢燉中，自由揮灑出原始味道，而那美味精華皆融入在慢熬的湯汁中，吃一口便能感受到食物正在為你飢渴的身體充電！

Yes!
這類場合也入菜

- ✔ 宴客料理
- Party點心
- 野餐小點
- 貪吃下午茶
- ✔ 便當菜

材料ingredients

★ 食材
鮭魚 1 片
豆腐 1 塊
高麗菜 適量

蔥花 1 支量
洋蔥丁 適量
海帶芽 適量
味噌 適量

柴魚片 適量
白飯 1 碗

★ 調味料
鹽 適量
香鬆 少許

作法How to make

1. 鮭魚用清水洗淨後，去除魚骨，切成適當入口小塊備用。

2. 豆腐用清水稍微沖洗一下後，切小塊或切丁亦可。

3. 將高麗菜葉一片一片剝下，清洗乾淨後，切絲備用。

4. 取一小碗，加入味噌及少許開水，攪散後備用。

5. 鍋中加水煮滾，放入鮭魚塊、洋蔥丁，再慢慢倒入豆腐塊，並應小心豆腐被弄碎。

6. 待煮滾後，撒進柴魚片，倒入作法4的味噌湯汁，再撒點鹽，熬煮一小段時間。

7. 試嘗一下味道，待食材都熬煮入味後，放進高麗菜絲及海帶芽稍微攪拌。

8. 待湯再度煮開後，撒上蔥花，熄火，將鮭魚味噌湯倒入飯裡，撒些香鬆即可享用。

這樣料理，老饕也會愛上素！

可去除蔥花、洋蔥丁、柴魚片，將鮭魚替換成乾腐皮捲、牛蒡絲，並將香鬆改成素食專用即可。

四季輕食的美味提案～

香濃咖哩里肌肉飯

📋 份量：2~3人份　🕐 所需時間：30mins　🥄 烹調器具：🍳 × 🍲

市面上，販售著各種風味的日式咖哩塊，因此即使食材不變，但只要稍微變化一下咖哩塊，每每都有驚喜發生喔！

Yes!
這類場合也入菜

✔ 宴客料理
　 Party點心
　 野餐小點
　 貪吃下午茶
✔ 便當菜

材料ingredients

★ 食材
豬里肌排 適量
洋蔥 1顆
馬鈴薯 2顆
紅蘿蔔 1根

白飯 適量
溏心蛋 2顆
青花菜 適量
蒜末 6瓣量
薑末 20公克(約1/5碗)

★ 調味料
鹽 少許
日式咖哩塊 適量

作法How to make

1
洋蔥、馬鈴薯、紅蘿蔔用清水沖洗乾淨後，去皮，洋蔥切條，馬鈴薯、紅蘿蔔切小塊備用。

2
青花菜先分切成小朵後，去掉硬皮，接著放到水龍頭下，用清水沖洗乾淨。

3
取出豬里肌排，用清水沖洗乾淨後，切成適當入口小塊備用。

POINT
也可將豬里肌排替換成去骨雞腿肉或牛肉。

4
平底鍋中放少許油，燒熱，下蒜末、薑末爆香。

POINT
油不必多放，這只是為了炒出食材香味。

5
待炒出蒜、薑的香味後，再放入洋蔥條，略為拌炒。

POINT
火力不用太大，中小火即可。

6
待洋蔥條炒到略呈半透明狀時，倒入馬鈴薯塊、紅蘿蔔塊繼續翻炒，使其盡量與蒜末、薑末與洋蔥條充分混合。

POINT
或者也可將馬鈴薯和紅蘿蔔先蒸熟，再於作法8時放進鍋裡燉煮，以節省熬煮時間。

接著,加入豬里肌肉塊繼續翻炒。

POINT

不必擔心油不夠會使肉塊燒焦而加油,其實有點焦香味也不錯。

待炒至肉塊顏色略白(其實帶點粉紅也無妨)後,倒入適量開水,直至淹沒鍋內食材的高度。

待鍋中的水煮滾後,放入適量日式咖哩塊並撒點鹽調味,慢慢攪拌,讓咖哩塊徹底融化於湯汁中。

接著,轉成小火,熬煮約5~10分鐘,期間須不時攪拌,以免發生黏鍋,並一直煮到馬鈴薯塊熟軟即成。

另起一滾水鍋,放入青花菜汆燙後,撈出瀝乾,擺在白飯旁,淋上咖哩里肌肉醬,再放進對切的溏心蛋即成。

POINT

在淋進咖哩里肌肉醬前,可先試嘗味道,若覺得不夠鹹,可再加點鹽或醬油調味。

COOking 有訣竅

Q. 市面上販賣的咖哩飯都帶有些許甜味,但自己製作的咖哩醬卻少了這一味,究竟該怎麼料理才會出現甜度呢?

Ans. 若喜歡甜一點的咖哩醬,可在作法9加入咖哩塊後,先等咖哩慢慢融於湯中,再加點砂糖;若是喜歡帶有天然果香者,可磨些蘋果泥或榨些水梨汁,倒進鍋中,如此也能產生甜味;此外,也可直接倒入養樂多,味道也很不錯!

這樣料理,老饕也會愛上素!

可去除豬里肌排、洋蔥、蒜末,並將日式咖哩塊換成素食專用,於作法7時加些如甜豆莢、美白菇、素腰花、黑木耳等食材翻炒,最後加入咖哩塊,依個人口味放點砂糖熬煮,讓咖哩味道更濃郁、配料也更入味。

常客吐司大變身！
20種創意吐司早午餐

你還只停留在烤吐司、三明治的 boring 作法嗎？其實，善用我們身邊的簡單吐司，你也能做出創意十足的驚豔早午餐，現在就開始大顯身手吧！

計量單位

🥄 1 大匙 = 15 公克 = 3 小匙（亦可用一般湯匙來代替）

🥄 1 小匙 = 5 公克

🔻 1 碗 = 250 公克

▮ 1 杯 = 180c.c.

鄉野雞肉捲(P.218)

吐司可樂餅(P.208)

庫克太太Sandwich(P.210)

新鮮鮭魚上的濃郁起司~

起司鮭魚咬吐司

 份量：1~2人份　⏲ 所需時間：20mins　🍳 烹調器具：🍳 ✕ 🍞

鮭魚含有豐富的omega-3脂肪酸，可維護大腦與心血管健康！起床後，烤個鋪滿鮭魚、起司的厚片，搭配果汁，不僅補了營養，也滿足了鬧空城的胃！

Yes!
這類場合也入菜

　　宴客料理
✔　Party點心
✔　野餐小點
✔　貪吃下午茶
　　便當菜

材料ingredients

★ 食材
鮭魚 1 片
厚片吐司 1 片

起司片 2 片
紫色洋蔥絲 少許
蔥 少許

米酒 少許
地瓜粉 少許

★ 調味料
蒜香抹醬 適量
義大利香料 少許

作法How to make

1 厚片吐司先塗上一層蒜香抹醬後，再切成九宮格狀備用。

2 紫色洋蔥絲放入碗中，浸泡冰水；蔥洗淨，切成蔥花備用。

3 鮭魚清洗乾淨後，雙面抹上些許米酒、地瓜粉。

4 鍋中加點油燒熱，下鮭魚，以小火煎至兩面微黃後，起鍋。

5 將煎熟的鮭魚撕成片狀，均勻鋪在作法1的厚片吐司上，並在空缺處撒些蔥花。

6 取2片起司片，切成九宮格狀，將起司片重疊，平鋪在鮭魚厚片上。

7 烤箱以180度預熱3分鐘，放進起司鮭魚厚片，以180度烤約5分鐘至酥香後，取出。

8 最後，在起司鮭魚厚片上鋪些紫色洋蔥絲（也可不放），撒些義大利香料即成。

這樣料理，老饕也會愛上素！

去除上述食材，將厚片塗上奶油，鋪上玉米粒、素火腿丁，再擠些番茄醬、鋪上起司片後，烤至酥香，取出，撒些黑胡椒粒即成。

不用排隊也能吃到超人氣餐點～

七彩棉花糖夾心吐司

📋 份量：1~2人份　🕐 所需時間：15mins　🧤 烹調器具：🍞

超幸福的療癒級甜點，光看就能升起心中的小確幸，在晨間時光享用，嘗一口，嘴角揚起之餘，心中更激起一股暖流！

奶蛋素

Yes!
這類場合也入菜

宴客料理
✔ Party點心
✔ 野餐小點
✔ 貪吃下午茶
便當菜

材料ingredients

★ 食材
吐司 3片
香蕉 1根
棉花糖 適量

★ 抹醬
巧克力醬 適量
奶油 適量

TIPS
中間夾一片起司，鹹香味能降低甜膩感！

作法How to make

1 香蕉剝去外皮後，切片；接著，將兩片吐司塗上奶油醬，另一片塗上巧克力醬。

POINT
由於棉花糖已有甜味，故抹醬不必塗太多！

2 在其中一片奶油吐司與巧克力吐司上，整齊地擺上香蕉片。

POINT
如果想換成草莓片，抹醬要全部改成奶油，才不會過於甜膩！

3 而剩餘的另一片奶油吐司，則是平均鋪滿棉花糖。

4 烤箱以180度預熱5分鐘，放進鋪有香蕉片的吐司，以180度烤約3分鐘取出。

5 接著，將鋪有棉花糖的吐司放進烤箱，以180度烤約6分鐘至微焦即成。

6 將已烤好的奶油香蕉片吐司與巧克力香蕉片吐司相疊。

7 最後，放上已烤好的棉花糖吐司即可。

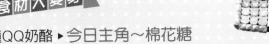

剩餘食材大變身

5分鐘QQ奶酪 ▶ 今日主角～棉花糖

作法：棉花糖與牛奶的份量比例為3:10，首先將牛奶倒入鍋中以小火加熱，待牛奶邊緣冒泡時，放進棉花糖，持續攪拌至棉花糖完全融化後再關火，將棉花糖液體過濾網，倒進碗裡，冷卻後放進冰箱冷藏一晚即成！

Brunch 83

乾咖哩也能美味破表～

香酥咖哩口袋吐司

📖 份量：1~2人份　🕐 所需時間：20mins　🥄 烹調器具：🍳

煮了一大鍋的咖哩，卻只能配飯、拌麵嗎？NO！印度咖哩與西式吐司的衝突組合，完全顛覆你的刻板印象，不禁大讚：「哇！它們原來這麼對味！」

私房推薦

Yes!
這類場合也入菜

　宴客料理
✔ Party點心
✔ 野餐小點
✔ 貪吃下午茶
　便當菜

材料ingredients

★ 食材
剩餘乾咖哩 適量
吐司 4片

蛋 1顆
麵包粉 適量

★ 調味料
義大利香料 少許

作法How to make

1 將剩餘乾咖哩放在吐司中央，再覆蓋上另一片吐司。

POINT
用市售調味咖哩包或肉醬亦可。

2 準備一個大小適中的杯子，將杯口壓在作法1的吐司上。

POINT
若能直接使用圓形模具會更好。

3 用力下壓旋轉杯子以壓斷吐司，最後輕推吐司一邊即可取出。

4 取一大碗，打入蛋攪散成蛋液後，將作法3的咖哩吐司放進蛋液裡沾裹。

5 將浸滿蛋液的咖哩吐司放進麵包粉裡均勻裹上後，撒入少許義大利香料。

6 熱鍋，加少許油，放進作法5的咖哩吐司，以半煎炸的方式煎至兩面金黃。

7 取出咖哩吐司，瀝油後，盛盤即可。

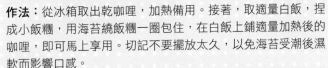

剩餘食材大變身

乾咖哩軍艦壽司 ▶ 今日主角～乾咖哩

作法： 從冰箱取出乾咖哩，加熱備用。接著，取適量白飯，捏成小飯糰，用海苔繞飯糰一圈包住，在白飯上鋪適量加熱後的咖哩，即可馬上享用。切記不要擺放太久，以免海苔受潮後濕軟而影響口感。

當作野餐點心也很合適～

熱狗壽司捲

📋 份量：1~2人份　🕐 所需時間：20mins　🧤 烹調器具：🍳

蝦米？這道壽司竟然沒有醋飯＋海苔！其實，只要具備基本食材——吐司，除了放進熱狗之外，加入肉鬆、鮪魚，也能變化出美味創意的壽司喔！

Yes!
這類場合也入菜

　宴客料理
✔ Party點心
✔ 野餐小點
✔ 貪吃下午茶
　便當菜

材料ingredients

★ 食材　　　　起司片 1片　　　蛋 2顆　　　　★ 調味料
吐司 3片　　　小黃瓜 1/2根　　　　　　　　　番茄醬 適量
熱狗 1根　　　紅蘿蔔 1/2根

作法How to make

1 小黃瓜、紅蘿蔔用清水沖洗乾淨後，小黃瓜縱切成條狀；紅蘿蔔去皮，縱切成條狀；起司片則是切成三等分備用。

2 取出3片吐司，切掉四邊後，放在砧板上，用擀麵棍擀平。

POINT

若無擀麵棍，也可用杯子擀平。

3 取一大碗，打入2顆蛋攪散成蛋液備用。平底鍋加熱，放適量油，倒入蛋液，轉中小火，將蛋液煎成金黃蛋皮後，起鍋。

4 將平底鍋洗乾淨後，加少許油，開中小火加熱，接著將熱狗放進鍋中，煎至熱狗顏色轉紅時，即可起鍋盛盤。

5 在擀平的吐司上，依序鋪上蛋皮、起司片，再將黃瓜條、紅蘿蔔條及煎熟的熱狗並排放在起司片上，且盡量置於單側會比較好捲。

6 取一竹簾，鋪上保鮮膜後，放上作法5的吐司，並擠上一些番茄醬。最後，將吐司緊密捲起來，切塊即成。

這樣料理，老饕也會愛上素！

可將熱狗換成素食專用的熱狗。另外，也可在吐司上，先鋪好海苔，再依序放進蛋皮、起司片、黃瓜條、紅蘿蔔條與素熱狗，如此會更有口感。

滿滿草莓就是愛煉乳～

草莓蜜糖吐司

📋 份量：2-3人份　🕐 所需時間：35mins　🧤 烹調器具：🍞

Party性質的早午餐，讓早晨更歡樂！從廚房飄出絲絲香甜後，緊接著就是端出令人驚豔的「草莓蜜糖吐司」，一場甜蜜饗宴，即將展開！

奶蛋素

Yes!
這類場合也入菜

✔ 宴客料理
✔ Party點心
✔ 野餐小點
✔ 貪吃下午茶
　　便當菜

材料ingredients

★ 食材
四方立體吐司 1個
草莓 6顆

奶油 100克(約1/2碗)

★ 調味料
糖 適量
煉乳 適量

作法How to make

將四方立體吐司的白面朝上，與邊緣相距約1公分處用小刀往下切出一個方形，小心挖空吐司芯。

將白色吐司芯放在砧板上，用刀子切成九個長寬高相等的小正方塊備用。

將奶油放進碗裡，隔水加熱融化後，把小方塊吐司放入奶油裡，使其四面均勻沾上，再滾些糖。

烤箱以200度預熱後，放進作法3的吐司塊，以200度烤約10分鐘，待四面金黃即可取出。

在作法1挖空的吐司盒內層，塗上一層奶油。

將吐司盒放入烤箱，以200度烤至表面微焦後，取出。

將烤好的小方塊吐司放進吐司盒裡，並擺上新鮮草莓。

最後，依個人喜好淋上煉乳，甚至放一球巧克力冰淇淋亦可。

這樣料理，老饕也會愛上素！

　　本道為素食料理，但若是希望配料更豐富，可挖一球卡士達醬、草莓冰淇淋於盤上，甚至可放進兩根脆笛酥於吐司盒中，讓擺飾更華麗。

酥脆吐司條的沙拉饗宴~

雞蛋吐司沙拉棒

份量：1~2人份　所需時間：15mins　烹調器具：🍳

無論是一家人的早午餐，還是週末的歡樂小野餐，絕對少不了「雞蛋吐司沙拉棒」，每每擺出這一道，總是孩子們超速秒殺的餐點！

奶蛋素

Yes!
這類場合也入菜
　宴客料理
✔　Party點心
✔　野餐小點
✔　貪吃下午茶
　便當菜

材料ingredients

★ 食材
吐司 4片
奶油 少許

★ 蛋黃芥末醬
水煮蛋 2顆
黃芥末醬 1大匙

美乃滋 2大匙
蜂蜜 2小匙
醃酸黃瓜末 2大匙

作法How to make

1

先將水煮蛋剝除外殼後，切半，取出蛋黃；用刀先將蛋白切碎，再用刀背壓碎蛋黃，將蛋白末、蛋黃末放入碗中，稍微拌勻。

2

用紙巾吸去醃酸黃瓜末的水分，倒進作法1的碗中，再加入美乃滋、蜂蜜、黃芥末醬，攪拌均勻成蛋黃芥末醬備用。

3

取出4片吐司，切成長條形備用。

POINT

也可使用巧巴達麵包，切成長條狀烹調。

4

在平底鍋放少許奶油，開小火，直至奶油融化後，放進吐司條，煎至兩面微黃後，盛盤；或者，將吐司條送進烤箱烘烤亦可。

5

食用時，將吐司條沾上蛋黃芥末醬即成。

POINT

炸薯條沾上蛋黃芥末醬也很美味喔！

沾香濃起司醬更是小孩的最愛！

這樣料理，老饕也會愛上素！

可將沾醬替換成香濃起司醬，首先鍋中放2大匙奶油融化，再加入2大匙麵粉拌勻，倒入200c.c.牛奶、1片月桂葉、少許鹽、黑胡椒粒，煮成濃湯狀後，撈起月桂葉，放入8片起司片(切小片)，攪拌至濃稠即成。

大口挖食最過癮～

鄉村野菇酥派

📋 份量：1~2人份　🕐 所需時間：25mins　🧤 烹調器具：🍳 ✕ 🍞

「鄉村野菇酥派」是一道美式鄉村早午餐，樸實無華的外表，藏著新鮮菇種、香脆吐司塊，再搭配蓬鬆香酥的酥皮，簡直是絕妙好味！

Yes!
這類場合也入菜
- ✔ 宴客料理
- ✔ Party點心
- ✔ 野餐小點
- ✔ 貪吃下午茶
　　便當菜

材料ingredients

★ 食材
熱狗 7條
蛋 1顆

吐司 1片
酥皮 3片
金針菇 1把

柳松菇 適量
奶油 少許

★ 調味料
鹽 適量
黑胡椒粒 適量

作法How to make

1 金針菇、柳松菇洗淨後，去掉尾部，剝成一小束狀。

2 取出一片吐司，切成適當入口的小方塊狀備用。

3 將蛋打入碗裡，攪散成蛋液；熱狗則是切小段備用。

4 鍋中放奶油加熱融化，下熱狗、金針菇、柳松菇、鹽與黑胡椒粒拌炒後起鍋。

5 從冷凍庫取出酥皮放軟，將酥皮平鋪在烤盤上，而烤盤邊緣也要鋪到酥皮。

6 將吐司塊、拌炒好的熱狗、金針菇與柳松菇，放進鋪有酥皮的器皿。

7 接著倒入蛋液。

POINT
蛋液約七~八分滿即可。

8 將作法7的烤盤放進已預熱的烤箱，烤約5~10分鐘至蛋液凝固、酥皮微澎即成。

這樣料理，老饕也會愛上素！

　　可去除食材中的熱狗，並替換成素熱狗，甚至也可加入素火腿丁、甜椒丁等餡料，讓食材更富變化。

Brunch 88

吃幾顆也無負擔的輕食料理～

雞肉吐司派

📋 份量：1~2人份　🕐 所需時間：25mins　🧤 烹調器具：

樣貌小巧可愛的雞肉吐司派，不僅賞心悅目、療癒人心，更經常作為餐前開胃菜，無論外型、口感，皆討人喜愛！

Yes!
這類場合也入菜

✔ 宴客料理
✔ Party點心
✔ 野餐小點
✔ 貪吃下午茶
　便當菜

材料ingredients

★ 食材
吐司 1片
雞肉 適量

小黃瓜 1/2條
番茄 1/2顆

★ 調味料
甘甜醬油 適量
太白粉 少許

★ 沾醬
沙拉醬 適量

作法How to make

1 雞肉用清水沖洗乾淨後，剁碎或切成小丁狀備用。

2 番茄和小黃瓜洗淨後，切成末，倒進作法1的雞肉末碗裡。

3 接著，依個人口味喜好，加入適量甘甜醬油調味。

4 再放入少許太白粉，攪拌均勻，混合成「調味雞肉末」。

5 取一模具（任何樣式皆可），在吐司上壓出形狀；或可直接切成自己喜愛的圖形。

6 取出壓好形狀的吐司，挖適量調味雞肉末放到吐司上，但不要鋪太多，以免溢出吐司外。

7 烤箱以180度預熱5分鐘，放入作法6的雞肉吐司，烤至雞肉熟透即可。

8 將雞肉吐司放入盤中，搭配沙拉醬沾食即成。

這樣料理，老饕也會愛上素！

可去除雞肉，並將素火腿丁、熟蘑菇丁、番茄末、小黃瓜末放進碗裡，加入甘甜醬油、太白粉調成餡料，鋪在吐司上，送進烤箱烘烤即成。

外酥脆內軟Q的另類吐司創意～

吐司可樂餅

📋 份量：2~3人份　🕐 所需時間：25mins　🧤 烹調器具：🍳

可樂餅是日式家常菜之一，若不是作為配菜，就是被當成咖哩飯的主料，但若是早午餐，建議與生菜沙拉一起食用會更健康喔！

Yes!
這類場合也入菜
✔ 宴客料理
✔ Party點心
✔ 野餐小點
✔ 貪吃下午茶
　 便當菜

奶蛋素

材料ingredients

★ 食材
吐司 6片
馬鈴薯 2顆
毛豆 適量
低筋麵粉 適量
蛋 1顆
麵包粉(或吐司邊) 適量
切片起司片 適量

★ 調味料
鹽 少許
白胡椒粉 少許

★ 沾醬
原味軟質起司 少許
番茄醬 少許

作法How to make

1 馬鈴薯洗淨削皮、去芽眼，蒸熟後，趁熱壓成泥狀。

2 毛豆洗淨、燙熟，與馬鈴薯泥混合，加入鹽、白胡椒粉調味成內餡。

3 在吐司上塗抹少許作法2內餡，放上一片起司後，再抹上少許內餡。

4 取一吐司，用擀麵棍稍稍壓平後，覆蓋在作法3的吐司上，用杯子下壓成圓餅狀。

5 將蛋打入碗中，攪散，並把吐司可樂餅先沾一層低筋麵粉，再裹上一層蛋液。

6 接著，將沾有蛋液的吐司可樂餅，均勻裹上一層麵包粉。

7 鍋內放油，燒熱後，下作法6的吐司可樂餅，炸至兩面金黃後，即可起鍋。

8 將吐司可樂餅放在紙巾上吸油，並擠些原味軟質起司，食用時沾番茄醬即成。

這樣料理，老饕也會愛上素！

　　本道食譜已是素食者可食用的料理，但可依個人喜好添加如杏鮑菇丁、素肉丁等素料，讓吐司可樂餅的內容物更為豐盛！

品嘗法國超人氣餐點~

庫克太太Sandwich

📋 份量：1~2人份　🕐 所需時間：30mins　🧤 烹調器具：🍳 ✕ 🍞

喜歡享用早午餐的你們有福了！一般在外點庫克太太Sandwich，動輒上百元，
但自己做的成本可是相對低廉，趕快動手試試看吧！

Yes!
這類場合也入菜

　宴客料理
✔ Party點心
✔ 野餐小點
✔ 貪吃下午茶
　便當菜

材料ingredients

★ **食材**
吐司 2片
火腿 1片
蛋黃 1顆

★ **白醬**
鹽 少許
黑胡椒粒 少許
奶油 10克(約2小匙)

高筋麵粉 10克(約2小匙)
牛奶 200c.c.(約1又1/5杯)
洋蔥末 2大匙

馬札瑞拉起司
(Mozzarella) 約1/2杯

作法How to make

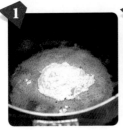

1 平底鍋加熱，放入奶油融化後，再倒進高筋麵粉拌炒成糊狀。

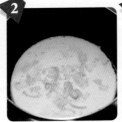

2 加進牛奶拌勻後，放入洋蔥末，以小火熬煮10分鐘。

3 加入鹽和黑胡椒粒調味，攪拌均勻後，熄火，即成白醬。

4 取一片吐司，塗抹適量白醬後，再放上一片火腿。

5 接著，取適量白醬在火腿片上，塗抹均勻。

6 再覆蓋一片吐司，並於吐司上塗抹白醬，但中間要先預留一個凹洞。

7 接著，均勻鋪上適量馬札瑞拉起司，但中間凹洞須避開。

8 烤箱以180度預熱5分鐘，放入作法7的三明治，以180度烤15分鐘，取出，打進蛋黃即成。

這樣料理，老饕也會愛上素！

製作白醬時可不放洋蔥末，直接烹調即成；另外，火腿可換成素火腿，並按照上述步驟料理，即成素食的「庫克太太Sandwich」！

吐司中的趣味總匯～

大阪燒厚片

份量：1~2人份　　所需時間：10mins　　烹調器具：

還記得有一次非常想吃大阪燒，無奈麵粉剛好用完，基於發懶不想外出採購
食材，所以便用家中剩下的厚片製作，味道還真不賴呢！

Yes!
這類場合也入菜

　宴客料理
✔ Party點心
✔ 野餐小點
✔ 貪吃下午茶
　便當菜

材料 ingredients

★ 食材
厚片吐司 1片
高麗菜 適量

蟹肉棒 3條
起司片 1片

★ 調味料
美乃滋 適量
日式御好燒醬 適量

柴魚片 適量

作法 How to make

1
將高麗菜用清水沖洗乾淨後，切絲備用；接著，取一厚片吐司，鋪上適量的高麗菜絲。

2

將三條蟹肉棒放在高麗菜絲上。

POINT

蟹肉棒也可換成鮪魚罐頭肉，但要瀝乾湯汁。

3

接著，覆蓋一片起司片後，擠入適量美乃滋，再依個人口味喜好，淋些日式御好燒醬。

4

烤箱先以200度預熱10分鐘後，放入作法3鋪好食材的厚片吐司，以200度烤5分鐘至蟹肉棒熟透。

5

取出，趁熱撒上柴魚片即可享用。

POINT

厚片吐司上的配料可依個人喜好更換喔！

輕輕鬆鬆就能DIY大阪燒厚片喔！

這樣料理，老饕也會愛上素！

可去除柴魚片，並將蟹肉棒替換成素蟹肉棒，甚至還可變換成如素花枝丸、素竹輪等素材，讓大阪燒厚片的口味更具多變性！

吐司也能變身鬆厚薯餅～

酥炸薯泥三明治

份量：3~4人份　　所需時間：40mins　　烹調器具： ✕ 🍲

變換料理風格正是烹飪的有趣之處，將平凡無奇的法式吐司，夾入調味後的薯泥，經過一番酥炸，儼然換上全新面貌！

Yes!
這類場合也入菜

　宴客料理
✔ Party點心
✔ 野餐小點
✔ 貪吃下午茶
　便當菜

材料ingredients

★ 食材	蛋 1顆	牛油 1小匙	咖哩粉 1小匙
馬鈴薯 3顆	★ 調味料	牛奶 10~20c.c.(約1大匙)	洋香菜 1小匙
低脂火腿 4~5片	鹽 1/2小匙	★ 裹粉	
吐司 4片	黑胡椒粒 3/4小匙	麵包粉 4~5大匙	

作法How to make

1 將低脂火腿先切成細末備用，平底鍋放少許油加熱，下火腿末炒香後，盛盤。

2 馬鈴薯削去外皮、去除芽眼，放進電鍋蒸熟後，趁熱壓成薯泥備用。

3 將火腿末拌入薯泥，加進鹽、黑胡椒粒、牛油，並一邊倒入牛奶一邊拌勻薯泥，直至呈滑順狀態即可。

4 取出4片吐司，用刀子切去四邊硬皮備用；接著，取一大碗，打入蛋，攪散成蛋液備用。

5 取一片吐司，鋪上作法3的薯泥，再覆蓋一片吐司，並將吐司兩面都刷上蛋液。

6 混合「裹粉」中的材料，把作法5的夾餡吐司沾上裹粉後，輕壓緊並以牙籤固定。

7 熱鍋，加少許油，放入作法6的吐司，以半煎炸的方式煎至吐司金黃並固定成形。

8 拿掉牙籤，煎好另一面後，起鍋吸油，對切成三角形，趁熱享用即成。

這樣料理，老饕也會愛上素！

可將食材中的火腿改成素火腿，並將調味料中的牛油改成植物性奶油，以相同方式烹調即成！

嚼出前所未有新味覺～

營養炒麵吐司

📋 份量：3~4人份　⏱ 所需時間：15mins　🧤 烹調器具：🍳 ✕ 🍞

想破頭的料理，未必能做出大廚般的美味，但有時隨意烹飪，卻能調理出簡單、樸實並專屬於你的家常好味！

Yes!
這類場合也入菜

　宴客料理
✔ Party點心
✔ 野餐小點
✔ 貪吃下午茶
　便當菜

材料ingredients

★ 食材
吐司 6~8片
油麵 1把

高麗菜 4片
薄豬肉片 6~8片

★ 調味料
日式御好燒醬 適量

TIPS
可切些番茄丁等蔬菜
一起與麵拌炒！

作法How to make

1 平底鍋加熱，倒少許油，燒熱後，下薄豬肉片炒到半熟。

POINT

也可換成培根片或其他肉品。

2 將高麗菜用清水沖洗乾淨後，剝成一口大小的碎片或切成小片狀亦可，放入鍋裡，與薄豬肉片混合拌炒均勻。

3 接著，下油麵，連同薄豬肉片、高麗菜一起炒熟。

POINT

油麵若改成煮熟的泡麵也很合搭。

4 起鍋前，加入日式御好燒醬調味即可。

POINT

可用黑醋、糖、醬油、與烹大師(鰹魚風味)，調出偏酸的醬料。

5 將吐司放進烤箱或烤吐司機，直至烤到表面金黃即可。

POINT

也可用熱狗麵包來代替喔！

6 拿一片剛烤好的吐司，對切，取適量炒麵放在吐司上，再覆蓋另一片吐司即成。或者，也可不用對切，直接夾入炒麵，對折食用。

這樣料理，老饕也會愛上素！

可將薄豬肉片替換成切片杏鮑菇，再加點紅蘿蔔絲、素火腿丁、香菇丁等，使炒麵內容物更加豐盛；甚至，也可撒些咖哩粉，變身咖哩炒麵，成為日式炒麵吐司！

視覺與口感兼具的好食菜色～

鄉野雞肉捲

📋 份量：1~2人份　🕐 所需時間：55mins　🍳 烹調器具：🫙 ✕ 🍞

不須使用麵粉，只要以吐司作為基底，混合雞肉等食材，也能做出美式風味的雞肉捲，不僅熱量低，清爽無負擔更讓人一口接一口喔！

Yes!
這類場合也入菜

✔ 宴客料理
✔ Party點心
✔ 野餐小點
✔ 貪吃下午茶
　便當菜

材料ingredients

★ 食材	洋香菜 1小把	牛奶 50c.c.(約1/3杯)	肉豆蔻粉 少許
蛋 1顆	奶油 少許	雞胸肉 250克(約2.5碗)	帕瑪森起司粉 30克
熟火腿 6片	大蒜 1瓣	★ 調味料	(約2大匙)
切邊吐司 2片	水煮蛋 1~2顆	鹽 少許	

作法How to make

1. 將切邊吐司切成小塊，放進果汁機裡，倒入牛奶，使其浸漬到濕潤軟嫩。

2. 將3片熟火腿切丁後，連同切碎的雞胸肉、洋香菜、大蒜，放進果汁機裡，並打入蛋。

3. 接著，加入帕瑪森起司粉、肉豆蔻粉與鹽，打開果汁機開關，攪拌成肉餡。

4. 在一張大張鋁箔紙上，塗一層薄薄的奶油，再取適量肉餡平鋪在鋁箔紙上。

5. 將其餘3片熟火腿鋪在肉餡上，並把切瓣的水煮蛋擺中間。

6. 接著，將鋁箔紙捲起來，兩邊扭轉成糖果狀。

7. 烤箱以180度預熱5分鐘後，放入雞肉捲，以180度烤40分鐘。

8. 取出，打開鋁箔紙，將烤好的雞肉捲切片即可享用。

這樣料理，老饕也會愛上素！

可去除雞胸肉、熟火腿與大蒜，並替換成素肉末、番茄丁、芹菜末等放入果汁機裡，攪打成素餡料後，與步驟4後續作法相同！

免厚工也能做出韓國味～

韓式吐司煎餅

📋 份量：2~3人份　🕐 所需時間：40mins　🧤 烹調器具：🍲 ╳ 🍶 ╳ 🍳

若要自製韓式煎餅，最怕的就是口感軟爛，但只要加入祕密武器──吐司，香酥脆的煎餅立即呈現！

Yes!
這類場合也入菜

✔ 宴客料理
　Party點心
✔ 野餐小點
　貪吃下午茶
✔ 便當菜

材料ingredients

★ 食材
吐司 2~3片
牛奶 120~150c.c.
(約2/3杯~5/6杯)

中筋麵粉 100克(約1碗)
蝦仁 適量
韭菜段 適量
高麗菜絲 適量

紅蘿蔔絲 適量
泡菜 適量
蔥花 適量

★ 調味料
鮮味炒手(鰹魚口味) 適量

作法How to make

1 蝦仁用清水沖洗乾淨後，去除腸泥備用；接著，鍋中加水煮至沸騰，放入蝦仁，汆燙後，撈起，過冷水備用。

2 將吐司切成小方塊狀，放入果汁機裡，攪打成碎屑。

POINT

若沒有果汁機，也可用刀切成碎末。

3 取一大碗，放入蝦仁、韭菜段、高麗菜絲、蔥花、紅蘿蔔絲、中筋麵粉、吐司末，再加入適量鮮味炒手、牛奶拌勻成麵糊。

4 平底鍋放少許油，燒熱後，倒進作法3的麵糊。

POINT

用鍋鏟將麵糊整成圓餅狀。

5 轉小火，煎至兩面金黃酥脆。

POINT

切勿為了快速變熟而開中大火，如此容易讓煎餅變焦。

6 將煎餅盛起後，用刀子切成適當入口的小塊狀，並擺上適量泡菜，搭配煎餅一起食用即成。

這樣料理，老饕也會愛上素！

可去除蝦仁、韭菜、蔥花，並替換成芹菜末、九層塔絲、切小段的金針菇與少許黑芝麻，而鮮味炒手則可選奶蛋素的產品；另外，泡菜也請改成素泡菜搭配食用！

Brunch 96

中西式的美味撞擊～

鬆厚起司蛋餅

📋 份量：1~2人份　🕐 所需時間：40mins　🍴 烹調器具：🍳

充滿濃濃起司味的軟嫩蛋餅，淋上奶香味十足又帶點甜味的煉乳，吃下一口便很難停止，無論是當作正餐還是點心都讓人難以抗拒！

Yes!
這類場合也入菜

　宴客料理
✔ Party點心
✔ 野餐小點
✔ 貪吃下午茶
　便當菜

材料ingredients

★ 食材
吐司 2片
起司片 2片
青蔥 少許

中筋麵粉 1/2杯
蛋 1顆
水 1杯
披薩專用起司條 適量

★ 調味料
白胡椒粉 少許
煉乳 適量
糖 適量

作法How to make

1 取出2片吐司，切成適當入口的九宮格小方塊狀備用。

2 青蔥用清水沖洗乾淨後，去掉尾部，切成蔥花備用。

3 取一碗，混合中筋麵粉、糖、白胡椒粉、水、蔥花，並打入蛋拌勻。

4 接著，加入吐司塊、披薩專用起司條繼續攪拌成麵糊。

5 平底鍋加熱，放少許油，倒入麵糊並盡量用鍋鏟整成圓形，以中小火慢煎。

6 接著，在表層未煎的麵糊上淋入少許油，翻面，再繼續以中小火慢煎。

7 最後，煎至起司蛋餅兩面呈金黃微焦後，起鍋盛盤，以廚房紙巾吸油。

8 將起司片平鋪在起司蛋餅上，並切成適當大小，淋上煉乳即可享用。

這樣料理，老饕也會愛上素！

可去除食材中的青蔥，而其餘的烹調方法同上述步驟。此外，煉乳也可改成蜂蜜，其甜蜜口感搭配牽絲的起司蛋餅，好吃到讓人停不下來！

在家也能享受異國風～

金黃熱狗捲

📋 份量：1~2人份　🕐 所需時間：20mins　🧤 烹調器具：🥘 ✕ 🍳

一捲又一捲的熱狗，俏皮似地像個扇子展開，只要將這道擺上桌，總是引起小孩們的目光，看著他們停不了口的模樣，成就感躍上心頭！

Yes!
這類場合也入菜

✔ 宴客料理
✔ Party點心
✔ 野餐小點
✔ 貪吃下午茶
　便當菜

材料ingredients

★ 食材

熱狗 1~2條
蛋 2顆

吐司 2片

TIPS

加點番茄醬一起吃，
能去油解膩！

作法How to make

將吐司對折，用剪刀
從吐司邊往內各剪兩
刀，但不要剪斷，攤
平備用。

鍋中加水煮滾，放進
熱狗，煮熟後，撈
起，瀝乾水分備用。

取一大碗，將蛋打入
碗裡後，攪散成蛋液
備用。

將瀝乾水分的熱狗，
放在作法1已處理好
的吐司中央。

拿一支小刷子，沾取
蛋液，在吐司的其中
一邊塗抹蛋液。

將吐司對折，並確實
黏緊兩邊後，淋入蛋
液，使熱狗吐司捲整
個浸入。

平底鍋放少許油，加
熱，下作法6的熱狗
吐司捲，煎至色澤金
黃，即可起鍋。

由於熱狗吐司捲煎過
後，剪開的刀痕會被
蛋皮覆蓋，故可用刀
子輕劃後再上桌。

這樣料理，老饕也會愛上素！

可將食材中的熱狗替換成素熱狗，其作法同上述烹調步驟。此外，也可
在享用時，擠些美乃滋或辣椒醬佐食，美味度加分！

Brunch 98

澎湃材料溢滿吐司盒~

南瓜焗麵吐司

🍱 份量：2~3人份　🕐 所需時間：40mins　🍳 烹調器具：🍞 ✕ 🍳

不讓蜜糖吐司專美於前，鹹食口味的吐司當然也要參一腳啦！除了焗麵之外，通心粉、筆管麵的小小變化，更使這道料理轉眼變正餐！

Yes!
這類場合也入菜

- ✔ 宴客料理
- ✔ Party點心
- ✔ 野餐小點
- ✔ 貪吃下午茶
- 　便當菜

材料ingredients

★ 食材
桂冠奶油培根焗麵 1盒　　青花菜 適量　　小 100c.c.(約5/9杯)
四方立體吐司 1個　　　　南瓜片 適量
　　　　　　　　　　　　奶油 少許

作法How to make

1
將四方立體吐司的白面朝上，與邊緣相距約1公分處用小刀往下切出一個方形，小心挖空吐司芯。

2
烤箱先以180度預熱5分鐘，在吐司盒內層塗抹奶油後，送進烤箱，烤至外皮酥脆。

3
平底鍋加熱，放少許奶油融化，將取出的吐司芯切成小方塊，放進鍋裡，使其四面煎香後，撈出。

4
用餘油略炒洗淨的青花菜、南瓜片，再倒入100c.c.的水煮沸後，撈出備用。

5
將奶油培根焗麵直接放入鍋裡，蓋上鍋蓋，以中小火燜煮1分鐘。

6
接著，倒入剛燙熟的青花菜、南瓜片，與奶油培根焗麵充分混合均勻。

7
撈出煮好的焗麵，放進吐司盒裡，將吐司塊擺在盤子上，即可趁熱享用。

POINT
也可放些奇異果片作為裝飾。

這樣料理，老饕也會愛上素！

可去除掉奶油培根焗麵，並改成素食義大利麵，若沒有現成品直接加熱，也能先利用素醬拌炒義大利麵後，再放入吐司盒裡！

Brunch 99

吐司邊的創意美味絕招~

金黃香雞球

🍱 份量：1~2人份　🕐 所需時間：25mins　🧤 烹調器具：🍳

小巧玲瓏的金黃火球，在餐桌上總讓人無法移開視線！每當一說「開動」，數雙筷子便朝此進攻，唯恐慢半拍就搶食一空啊！

Yes!
這類場合也入菜

✔ 宴客料理
✔ Party點心
✔ 野餐小點
✔ 貪吃下午茶
✔ 便當菜

材料ingredients

★ 食材
吐司邊 3片量
雞胸肉 120克
(約1又1/5碗)

蛋 1顆
蒜末 適量
牛奶 1大匙
紅蘿蔔絲 少許

香菜 少許

★ 調味料
鹽 1小匙
咖哩粉 1小匙
黑胡椒粒 少許

作法How to make

1 取出吐司邊，切成小細塊狀，但不要切太小，需保留口感。

2 雞胸肉用清水沖洗乾淨後，用刀子切成細條狀備用。

3 取一大碗，放入紅蘿蔔絲、香菜、蒜末與吐司塊。

4 接著，將雞肉條放入碗裡，撒些鹽、咖哩粉、黑胡椒粒。

5 再加入牛奶，打進一顆蛋後，攪拌均勻，醃數分鐘備用。

6 平底鍋加熱，放適量油，轉小火，挖一湯匙作法5的雞肉球於鍋裡。

7 待雞肉球底層煎到微黃時，再翻面煎至雞肉熟透，即可起鍋，瀝油盛盤。

POINT

可拿廚房紙巾墊著吸油，以減少油膩感。

這樣料理，老饕也會愛上素！

可去除掉蒜末，並將雞胸肉替換成素肉丁，也可額外加入如杏鮑菇丁、甜椒丁等，便成為一道金黃素肉球！

色彩繽紛的有面子好料～

玉米馬鈴薯泥甜筒

份量：1~2人份　　所需時間：40mins　　烹調器具：🍞 ✕ 🍚 ✕ 🍳

有著可麗餅的外貌，但嘗起來卻有甜筒般的滋味，無論內餡是甜是鹹，match 程度絕對是百分百！

Yes!
這類場合也入菜

　宴客料理
✔ Party點心
✔ 野餐小點
✔ 貪吃下午茶
　便當菜

材料ingredients

★ 食材
吐司 3片
玉米粒 2大匙
火腿 1/2片
豌豆 適量

鳳梨 2片
紅甜椒丁 適量
馬鈴薯 50克(約1/2顆)
蛋 1顆
奶油 少許

★ 調味料
鹽 適量
黑胡椒粒 適量
蜂蜜 適量

作法How to make

1
取3片吐司，切去四邊硬皮，留下吐司邊；而切邊吐司則用擀麵棍來回擀平。

2
取一大碗，先打入一顆蛋後，再加入蜂蜜，攪拌均勻成蜂蜜蛋液備用。

3
將作法1壓扁的吐司浸入蜂蜜蛋液裡，待兩面充分沾滿後，捲成甜筒狀備用。

POINT
也可用刷子沾蜂蜜蛋液均勻塗抹吐司兩面。

4
接著，用牙籤確實穿過吐司甜筒的接縫折痕處。

POINT
務必緊密固定，以免散開。

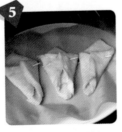

5
烤箱以170度預熱10分鐘，在烤盤上鋪烘焙紙，並塗抹少許奶油後，放上吐司甜筒，送入烤箱烘烤約10分鐘。

6
取出剛烤好的吐司甜筒，再刷上少許蜂蜜後，放進烤箱，一樣以170度烤5分鐘即成。

POINT
若是家用小烤箱，應烤到吐司甜筒表面金黃微焦即成。

231

馬鈴薯用清水沖洗乾淨後，削去外皮，切塊，放入電鍋蒸熟，取出，用湯匙壓成泥，撒少許鹽、黑胡椒粒，拌勻即可。

將作法1留下的吐司邊，先切丁備用。平底鍋加熱，放少許奶油，倒進剛切好的吐司丁，待煎至酥硬後，盛盤備用。

接著，將鳳梨切成小塊狀，倒進剛煎過吐司丁的平底鍋，開小火，炒至水分收乾，並散發出鳳梨香氣後，即可盛盤。

將火腿切丁，倒進剛炒過鳳梨塊的平底鍋裡，開小火，再依個人喜好撒入黑胡椒粒拌炒，直至香氣散出後，即可起鍋。

接著，放入洗淨的紅甜椒丁、豌豆、玉米粒後，快速拌炒，再加入剛炒過的鳳梨丁、火腿丁，稍微拌勻即成。

將作法7的馬鈴薯泥與作法8的吐司丁先拌勻成餡料，並取適量充填至吐司甜筒裡，最後再鋪上作法11的炒料即成。

COOking 有訣竅

Q. 家中如果沒有烤箱烤吐司的話，還有什麼方式能讓吐司擁有酥脆口感呢？

Ans. 可利用電鍋來解決喔！首先，將電鍋外鍋擦乾淨，鋪上一層烘焙紙後，放上吐司，不蓋鍋蓋，直接按下開關加熱，約3~5分鐘電源跳起即成；若希望口感再酥脆一些，可再按下電源加熱！

我也可以烤吐司喔！

這樣料理，老饕也會愛上素！

　　可將食材中的火腿改成素火腿。此外，若覺得配料太過單調，可加入如蘑菇丁等食材。甚至，有些人會認為馬鈴薯泥吃多容易太膩，建議可換成地瓜泥會更為清爽，但相對蜂蜜用量就要減少，以免太甜！

樂**活**健康美時尚，生活饗宴新**泉**源

 日常小樂事 × 烹飪下廚趣 × 健康夯觀點 × 教養新家法

**為重複的每一天，
注入一點新意、一股暖流！
活泉，你的行動生活家！**

暢 銷 好 書 · 榜 上 有 名 · 媒 體 最 愛 · 宣 傳 不 斷

樂在食譜

《移動小灶咖！零廚藝也不失手的燜燒杯 x 美食鍋料理》
迷你的移動小灶咖，走到哪煮到哪～
張涵茵 Lidia／著　　定價：280 元

《一按上菜！80 道零失敗懶人電鍋料理》
一台電鍋，料理新手也能變大廚！
簡秋萍／著　　定價：280 元

**瘦身
so easy！**

《天然喝自然瘦！5 分鐘有感不復胖的燃
脂飲料瘦身法》
楊新玲／著　　定價：280 元

《7 天厚背變紙片的神奇拉伸操！
校正姿勢還你腰瘦、平肚、胸挺 S 線》
站直坐正又拉伸，7 天呈現纖纖體態！
ASHA 艾莎／著　　定價：280 元

**健康養生
小絕活**

《超效取穴命中 100％！圖解經絡穴位按摩速查大全》
獨家附贈：找穴速易通！人體標準穴位掛圖
賴鎮源／著　　定價：380 元

《推推按按病痛消！圖解一次到位
推拿簡易書》
大病小痛，雙手推推，疼痛退散！
翁國霖／著　　定價：480 元

**親子教養
有法度**

《給刺蝟小皇帝的情緒管理課！啟發高 EQ、
思考力、獨立性的三合一登大人教養法》
王擎天／著　　定價：280 元

《叛逆不是壞！：三不二要的
轉大人教養法》
王擎天／著　　定價：280 元

國家圖書館出版品預行編目資料

簡單做，會上癮的全盤秒殺早午餐！廚房懶人速速上桌的不敗Brunch100道／ 沈家銘 編著. -- 初版-- 新北市中和區：活泉書坊 2015.07　面；公分 · -- (Color Life 46)
ISBN 978-986-271-571-0 (平裝)

1.食譜

427.1　　　　　　　　　　　　　　　　　103024164

徵稿、求才

我們是最尊重作者的線上出版集團，竭誠地歡迎各領域的著名作家或有潛力的新興作者加入我們，共創各類型華文出版品的蓬勃。同時，本集團至今已結合近百家出版同盟，為因應持續擴展的出版業務，我們極需要親子教養、健康養生等領域的菁英分子，只要你有自信與熱忱，歡迎加入我們的出版行列，專兼職均可。

意者請洽：

活泉書坊
地址：新北市235中和區中山路二段366巷10號10樓
電話：2248-7896
傳真：2248-7758
E-mail: elsa@mail.book4u.com.tw

 活泉書坊

簡單做，會上癮的全盤秒殺早午餐！
廚房懶人速速上桌的不敗Brunch100道

出 版 者■ 活泉書坊　　　　　　文字編輯■ 黃纓婷
作 　 者■ 沈家銘　　　　　　　美術設計■ 吳佩真
總 編 輯■ 歐綾纖　　　　　　　特約攝影■ 張峰榮

郵撥帳號■ 50017206 朵舍國際有限公司（郵撥購買，請另付一成郵資）
台灣出版中心■ 新北市中和區中山路2段366巷10號10樓
電 　 話■ （02）2248-7896　　傳 　 真■ （02）2248-7758
物流中心■ 新北市中和區中山路2段366巷10號3樓
電 　 話■ （02）8245-8786　　傳 　 真■ （02）8245-8718
I S B N ■ 978-986-271-571-0
出版日期■ 2015年7月

全球華文市場總代理／朵舍國際
地 　 址■ 新北市中和區中山路2段366巷10號3樓
電 　 話■ （02）8245-8786　　傳 　 真■ （02）8245-8718

新絲路網路書店
地 　 址■ 新北市中和區中山路2段366巷10號10樓
網 　 址■ www.silkbook.com
電 　 話■ （02）8245-9896　　傳 　 真■ （02）8245-8819

線上總代理■ 全球華文聯合出版平台
主題討論區■ http://www.silkbook.com/bookclub　　◎ 新絲路讀書會
紙本書平台■ http://www.silkbook.com　　　　　　◎ 新絲路網路書店
電子書下載■ http://www.book4u.com.tw　　　　　◎ 電子書中心（Acrobat Reader）

華文自資出版平台
www.book4u.com.tw
elsa@mail.book4u.com.tw
ying0952@mail.book4u.com.tw

全球最大的華文圖書自費出版中心
專業客製化自資出版‧發行通路全國最強！

全民瘋Coupon!
超人氣早午餐店家優惠券

103Kitchen
凡來店消費，憑券可兌換歐姆蛋脆薯1份

電話：(02)2952-3852
地址：新北市板橋區長安街234號

有樂咖啡
憑券平日可享早午餐9折優惠

電話：(02) 2250-3169
地址：新北市板橋區文化路二段182巷3弄14號

第46號倉庫
憑券可享GOOD MORNING招牌早午餐8折優惠

電話：(02)2958-8857
地址：新北市板橋區四川路一段46號

晴空樹
凡來店消費，憑券可兌換比利時鬆餅1份

電話：(02)2957-2881
地址：新北市板橋區新民街1號

甜福Fuku Brunch
凡來店消費套餐，憑券可享9折優惠

電話：(02)8253-6066
地址：新北市板橋區松江街70號

kisetsu季節日記
凡來店點早午餐系列，憑券變更飲料不須補差價

電話：(02)2957-1717
地址：新北市板橋區中山路一段158巷7號

朋派 Pompie
憑本券消費滿300元，可免費兌換手工布丁1份

電話：(02)8925-0496
地址：新北市永和區博愛街30號

1861 Light
凡點主菜者，贈送80元手工甜點1份

電話：(02)8772-7281
地址：台北市中山區南京東路三段216巷2號

DOT dot 點點食堂
凡來店消費，憑券可兌換當日開胃小點1份

電話：(02)8369-2939
地址：台北市大安區浦城街13巷2號

荷蘭小鬆餅
憑券可享主餐系列95折優惠

電話：(02)2552-3252
地址：台北市大同區長安西路52巷18號

Ivi Bread 囍愛商行
憑券可享早午餐系列9折優惠

電話：(02)2531-9072
地址：台北市中山區長春路146-1號2樓(展佑藥局樓上)

tame moose
凡來店消費，憑券可免服務費

電話：(02)2556-5908
地址：台北市大同區南京西路18巷6號6號1樓

有樂咖啡
活泉書坊

- 本活動有效期限至2015/12/31
- 主辦單位有權保留優惠方式之變更
- 本券不得與其他優惠合併使用
- 本券僅限使用一次,並由店家收回或蓋章

103Kitchen
活泉書坊

- 本活動有效期限至2015/12/31
- 主辦單位有權保留優惠方式之變更
- 本券不得與其他優惠合併使用
- 本券僅限使用一次,並由店家收回或蓋章

晴空樹
活泉書坊

- 本活動有效期限至2015/12/31
- 主辦單位有權保留優惠方式之變更
- 本券不得與其他優惠合併使用
- 本券僅限使用一次,並由店家收回或蓋章

第46號倉庫
活泉書坊

- 本活動有效期限至2015/12/31
- 主辦單位有權保留優惠方式之變更
- 本券不得與其他優惠合併使用
- 本券僅限使用一次,並由店家收回或蓋章

kisetsu季節日記
活泉書坊

- 本活動有效期限至2016/7/31
- 主辦單位有權保留優惠方式之變更
- 本券不得與其他優惠合併使用
- 本券僅限使用一次,並由店家收回或蓋章

甜福Fuku Brunch
活泉書坊

- 本活動有效期限至2016/7/31
- 主辦單位有權保留優惠方式之變更
- 本券不得與其他優惠合併使用
- 本券僅限使用一次,並由店家收回或蓋章

1861 Light
活泉書坊

- 本活動有效期限至2016/7/31
- 主辦單位有權保留優惠方式之變更
- 本券不得與其他優惠合併使用
- 本券僅限使用一次,並由店家收回或蓋章

朋派 Pompie
活泉書坊

- 本活動有效期限至2016/7/31
- 主辦單位有權保留優惠方式之變更
- 本券不得與其他優惠合併使用
- 本券僅限使用一次,並由店家收回或蓋章

荷蘭小鬆餅
活泉書坊

- 本活動有效期限至2015/12/31
- 單點、鬆餅、飲品,及假日 / 國定假日整天與平日商業午餐10:30～13:30恕不適用
- 主辦單位有權保留優惠方式之變更
- 本券僅限使用一次,並由店家收回或蓋章

DOT dot 點點食堂
活泉書坊

- 本活動有效期限至2016/7/31
- 主辦單位有權保留優惠方式之變更
- 本券不得與其他優惠合併使用
- 本券僅限使用一次,並由店家收回或蓋章

tame moose
活泉書坊

- 本活動有效期限至2016/7/31
- 主辦單位有權保留優惠方式之變更
- 本券不得與其他優惠合併使用
- 本券僅限使用一次,並由店家收回或蓋章

lvi Bread 囍愛商行
活泉書坊

- 本活動有效期限至2016/7/31
- 主辦單位有權保留優惠方式之變更
- 本券不得與其他優惠合併使用
- 本券僅限使用一次,並由店家收回或蓋章

過日子咖啡

凡來店消費，憑券即贈送
每日蛋糕1份

電話：(03)355-5597
地址：桃園市大業路二段27號

山姆馬克咖啡

凡來店消費，憑券可享9折優
惠，打卡再送日式楓糖鬆餅

電話：(04)2206-1588
地址：台中市北區篤行路316巷7號

天田輕食館

憑券可享消費金額9折優惠

電話：(06)208-2211
地址：台南市東區東安路298號1樓

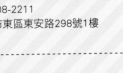

窩吧

凡來店消費一份餐點，即贈送
美式咖啡1杯

電話：(06)200-6939
地址：台南市東區東門路一段210號

晚起餐館

凡來店消費，憑券可兌換
司康或馬德蓮1份

電話：0978-792-330
地址：台南市中西區衛民街143巷10號

Home Sweet Home

憑券消費凍檸茶/絲襪奶茶/鴛鴦
奶茶，加價25元可選購檸蜜脆
脆或奶油豬仔包1份(原價50元)

電話：0974-002-736
地址：高雄市新興區復橫一路39號

窩有Fu餐食咖啡

凡來店點餐，憑券即
贈送有fu飲品三選一

電話：(07)201-3788
地址：高雄市新興區大同
一路67號

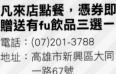

1221 espresso bar

凡來店消費，憑券即贈送當日
手作甜點1份

電話：(07)588-8987
地址：高雄市鼓山區九如四路1221號

茉尼好食光Brunch

凡來店消費，本人憑券可享
消費金額95折優惠

電話：(03)931-0312
地址：宜蘭縣宜蘭市農權路三段77號

Our老房子咖啡屋

凡來店消費，憑券可兌換
美式咖啡1杯

電話：0919-289-979
地址：花蓮縣玉里鎮和平路62號

莎莉Sarlee's

憑券可享全店產品95折優惠

電話：(03)832-3405
地址：花蓮市建國路105號

大石小樹

憑券可享消費金額95折優惠

電話：(03)836-0020
地址：花蓮市明智街71號

小滿麥拾

兩人以上同行享用早午餐，
憑券贈送每日例湯1份

電話：(03)831-4727
地址：花蓮市明心街2號

日嚐生活

憑券可享消費金額95折優惠

電話：(089)348-467
地址：台東市開封街704號

山姆馬克咖啡
 活泉書坊
- 本活動有效期限至2016/7/31
- 主辦單位有權保留優惠方式之變更
- 本券不得與其他優惠使用
- 本券僅限使用一次，並由店家收回或蓋章

過日子咖啡
活泉書坊
- 本活動有效期限至2016/7/31
- 主辦單位有權保留優惠方式之變更
- 本券不得與其他優惠使用
- 本券僅限使用一次，並由店家收回或蓋章

窩吧
活泉書坊
- 本活動有效期限至2016/7/31
- 主辦單位有權保留優惠方式之變更
- 本券不得與其他優惠使用
- 本券僅限使用一次，並由店家收回或蓋章

天田輕食館
活泉書坊
- 本活動有效期限至2016/7/31
- 本券不得與其他優惠使用
- 主辦單位有權保留優惠方式之變更
- 下午茶時段恕不適用
- 本券僅限使用一次，並由店家收回或蓋章

Home Sweet Home
活泉書坊
- 本活動有效期限至2016/7/31
- 主辦單位有權保留優惠方式之變更
- 本券不得與其他優惠使用
- 本券僅限使用一次，並由店家收回或蓋章

晚起餐館
活泉書坊
- 本活動有效期限至2016/7/31
- 主辦單位有權保留優惠方式之變更
- 本券不得與其他優惠使用
- 本券僅限使用一次，並由店家收回或蓋章

1221 espresso bar
活泉書坊
- 本活動有效期限至2016/7/31
- 主辦單位有權保留優惠方式之變更
- 本券不得與其他優惠使用
- 本券僅限使用一次，並由店家收回或蓋章

窩有Fu餐食咖啡
活泉書坊
- 本活動有效期限至2016/7/31
- 點購早午餐系列及假日恕不適用
- 主辦單位有權保留優惠方式之變更
- 本券不得與其他優惠使用
- 本券僅限使用一次，並由店家收回或蓋章

Our老房子咖啡屋
活泉書坊
- 本活動有效期限至2016/7/31
- 主辦單位有權保留優惠方式之變更
- 本券不得與其他優惠使用
- 本券僅限使用一次，並由店家收回或蓋章

茉尼好食光Brunch
活泉書坊
- 本活動有效期限至2016/7/31
- 主辦單位有權保留優惠方式之變更
- 本券不得與其他優惠使用
- 本券僅限使用一次，並由店家收回或蓋章

大石小樹
活泉書坊
- 本活動有效期限至2016/7/31
- 主辦單位有權保留優惠方式之變更
- 本券不得與其他優惠合併使用
- 本券僅限使用一次，並由店家收回或蓋章

莎莉Sarlee's
活泉書坊
- 本活動有效期限至2016/7/31
- 主辦單位有權保留優惠方式之變更
- 本券不得與其他優惠使用
- 本券僅限使用一次，並由店家收回或蓋章

日嚐生活
活泉書坊
- 本活動有效期限至2016/7/31
- 主辦單位有權保留優惠方式之變更
- 本券不得與其他優惠使用
- 本券僅限使用一次，並由店家收回或蓋章

小滿麥拾
活泉書坊
- 本活動有效期限至2016/7/31
- 主辦單位有權保留優惠方式之變更
- 本券不得與其他優惠使用
- 本券僅限使用一次，並由店家收回或蓋章